餐饮空间设计

陈宁萍◎主编

中国纺织出版社有限公司

图书在版编目（CIP）数据

餐饮空间设计 / 陈宁萍主编. -- 北京：中国纺织
出版社有限公司，2024.6. --ISBN 978-7-5229-1896-9

Ⅰ. TU247. 3

中国国家版本馆 CIP 数据核字第 2024TD4980 号

责任编辑：郭　婷　　责任校对：寇晨晨　　责任印制：储志伟

中国纺织出版社有限公司出版发行
地址：北京市朝阳区百子湾东里 A407 号楼　邮政编码：100124
销售电话：010—67004422　传真：010—87155801
http://www.c-textilep.com
中国纺织出版社天猫旗舰店
官方微博 http://weibo.com/2119887771
河北延风印务有限公司印刷　各地新华书店经销
2024 年 6 月第 1 版第 1 次印刷
开本：787 × 1092　1/16　印张：13.25
字数：280 千字　定价：95.00 元

凡购本书，如有缺页、倒页、脱页，由本社图书营销中心调换

前　言

　　本书是一本系统介绍餐饮空间设计的专业教材，旨在帮助读者全面了解餐饮空间设计的基本概念、设计原则、设计内容与方法，以及特色餐饮空间的设计与实践。本书内容丰富，实用性强，注重理论与实践相结合。

　　首先，本书介绍了餐饮空间设计概念与重要性，带领读者了解餐饮空间设计的历史演变与趋势，并探讨了当代餐饮空间设计的新视角。接着，详细阐述了餐饮空间的业态分类与设计原则，包括中餐厅、西餐厅、快餐厅等不同业态的设计要点与原则。此外，本书还深入探讨了餐饮空间设计内容与方法，包括餐饮空间功能空间规划与流线设计、色彩设计、照明设计、材料选择以及配套设施与设备规划等方面。

　　在特色餐饮空间的设计与实践方面，本书通过实例分析了中餐厅、西餐厅、主题餐厅以及快餐厅、咖啡厅等特色餐饮空间的设计要点与策略，为读者提供了宝贵的实践经验。同时，本书还关注了可持续性与智能化在餐饮空间设计中的应用，介绍了环保材料的选择与使用、节能与资源优化以及智能化技术的运用与前景。

　　本书通过解析学生的实践设计作品，展示了餐饮空间设计的创意与实践成果，为读者提供了学习与借鉴的机会。在此，由衷地对为本书提供作品展示的学生表示感谢，他们的创意与才华不仅丰富了本书内容，更为我们的研究工作提供了宝贵素材。每章后还附有课后习题，帮助读者巩固所学知识并提升实践能力。

　　本书适合作为高等院校室内设计、环境艺术设计等专业的教材，也可供相关从业人员参考使用。通过学习本书，读者将能够掌握餐饮空间设计的核心技能，为未来的职业发展奠定坚实基础。

编　者

2024 年 4 月

目　录

第一章

概　述

第一节　餐饮空间设计概念与重要性

一、餐饮空间设计的定义

餐饮业融合了即时加工、销售与服务，为消费者提供酒水、食品以及独特的消费场所与设施。在欧美国家的标准行业分类中，它被定义为专业的餐饮服务机构。餐饮不仅是关于食物和饮料的提供，更涵盖了满足食客需求并因此获得经济回报的广泛行业。由于地域和文化的差异，全球餐饮呈现出丰富多样的特色。

餐饮空间，从狭义上讲，是指那些拥有特定设施和环境的经营场所，它们旨在满足顾客的饮食、社交和心理需求。而从更广泛的角度来看，餐饮空间主要指的是餐厅的运营场所。自古以来，饮食就被视为人类的基本需求之一，因此在日常生活中占据着不可替代的地位。随着餐饮业的繁荣发展，餐饮空间设计也逐渐崭露头角。

餐饮空间设计有别于建筑设计和一般的公共空间规划。在餐饮环境中，人们追求的不仅仅是美味的食物，更重要的是一种能够让人身心放松、享受优质服务和美食的氛围。这种设计强调的是一种文化体验，反映了人们在满足基本温饱后的更高层次的精神追求，包括对环境美学、情感氛围等多元化需求的满足（图1-1～图1-4）。

图1-1　餐饮空间设计实例（1）

图1-2　餐饮空间设计实例（2）

图1-3　餐饮空间设计实例（3）　　　　图1-4　餐饮空间设计实例（4）

随着生活品质的提升和饮食选择的多样化，人们的餐饮体验也从单纯的充饥转变为一种享受。现代消费者不仅期望品尝到美味佳肴和享受到周到的服务，还追求在餐饮空间中获得新颖的视觉感受和独特的社交体验。

餐饮空间设计涵盖了多个方面，包括餐厅的选址、店面外观、内部布局、色彩照明、家具陈设以及装饰品的选择等。所有这些元素共同营造了一个影响顾客用餐感受的整体环境和氛围。如今，餐饮空间已经超越了单纯提供食物和饮料的场所的概念，它成了一个能够为顾客在用餐过程中提供附加价值的空间。独特的餐饮空间设计往往能够吸引顾客驻足消费，甚至在一些情况下，顾客更看重的是餐厅的空间设计而非菜品本身。现代餐厅的设计趋势也反映出这一点，许多餐馆现在更像艺术展览馆，通过创意的空间设计来提升顾客的用餐体验。

二、餐饮空间设计的社会与文化意义

（一）餐饮空间设计的社会意义

餐饮空间设计的社会意义主要体现在以下几个方面：

1. 满足社会需求

随着生活水平的提高和消费观念的转变，人们对餐饮空间的需求也在不断变化。现代餐饮空间设计不仅满足人们基本的用餐需求，还要注重提供舒适、优雅、有特色的用餐环境，以满足人们日益增长的物质文化需求。

2. 促进社会交流

餐饮空间不仅是用餐的场所，也是人们社交、交流的重要场所。通过合理的空间设计，可以帮助人们在餐饮社交环境中建立积极、友好的关系，增强社会凝聚力。

3. 推动经济发展

餐饮行业是国民经济的重要组成部分，而餐饮空间设计是餐饮行业发展的重要推动力。优秀的餐饮空间设计可以提升餐饮品牌的形象和市场竞争力，吸引更多消费者，从而推动餐饮业的繁荣发展，为社会创造更多的经济价值。

4. 传承和弘扬文化

餐饮空间设计是文化传承和创新的重要载体。通过融入传统文化元素和创新的设计手法，可以传承和弘扬民族文化，增强文化自信，同时也有助于推动餐饮文化的多元化发展。

餐饮空间设计的社会意义在于满足社会需求、促进社会交流、推动经济发展和传承弘扬文化等多个方面。这些意义不仅体现了餐饮空间设计的社会价值，也展现了其在社会发展中的重要作用。

（二）餐饮空间设计的文化意义

餐饮空间设计的文化意义主要体现在以下几个方面：

1. 文化传承与创新

餐饮空间设计是文化传承与创新的重要场所。通过运用传统文化元素和符号，设计师可以在现代餐饮空间中呈现出传统文化的魅力和底蕴。同时，设计师还可以通过创新的设计手法和理念，将传统文化与现代餐饮空间相结合，创造出独具特色的餐饮空间，推动餐饮文化的创新发展。

2. 展现地域特色

不同的地域有着不同的饮食文化和风俗习惯，餐饮空间设计可以通过运用地域特色元素和符号，展现出独特的地域文化魅力。这种设计不仅可以让消费者感受到不同地域的餐饮文化特色，也有助于推广和传播地域文化。

3. 塑造品牌形象

餐饮空间设计是塑造餐饮品牌形象的重要手段。通过设计独特的餐饮空间，可以展现出餐厅的品牌理念、文化特色和服务质量，从而增强消费者对品牌的认同感和忠诚度。同时，优秀的餐饮空间设计还可以提升品牌的知名度和美誉度，为餐厅赢得更多的市场机会。

4. 提升用餐体验

用餐体验是餐饮空间设计的核心目标之一。通过运用文化元素和设计理念，可以营造出舒适、优雅、有特色的用餐环境，提升消费者的用餐体验。这种设计不仅可以让消费者享受到美味，还能让他们在用餐的过程中感受到文化的熏陶和愉悦。

餐饮空间设计的文化意义在于文化传承与创新、展现地域特色、塑造品牌形象和提升用餐体验等多个方面。这些意义不仅体现了餐饮空间设计在文化传承和社会发展中的重要作用，也展现了其在提升消费者用餐体验方面的价值。

三、餐饮空间设计与商业价值的关系

餐饮空间设计与商业价值，二者之间，相辅相成。餐饮空间设计的使命在于提升商业价值，商业的价值透过空间设计而呈现。优质的空间设计会增加餐饮店的氛围感，无论是菜单价格，还是品牌价值都会随之提升，而餐饮店的档次也会通过空间设计的质感体现出来。

可以说，餐饮空间设计与商业成功之间存在着密切的关系。以下是它们之间关系的一些关键点：

1. 品牌形象塑造

餐饮空间设计是塑造品牌形象的关键环节。一个独特且吸引人的餐饮空间可以帮助餐厅在竞争激烈的市场中脱颖而出，增强消费者对品牌的认知度和记忆度。通过空间设计，餐厅可以传达其品牌理念、特色和文化价值，从而建立独特的品牌形象。

2. 吸引消费者

优质的餐饮空间设计能够吸引消费者的注意并激发他们的兴趣。一个舒适、美观、具有特色的餐饮空间可以提供愉悦的用餐体验，吸引更多的顾客前来光顾。同时，设计也可以创造出独特的氛围和风格，满足消费者的个性化需求，增加他们的回头率。

3. 提升品牌价值

优秀的餐饮空间设计可以提升餐厅的品牌价值。通过设计，餐厅可以营造出高品质的用餐环境和服务体验，从而提升消费者对品牌的信任度和忠诚度。这种品牌价值的提升有助于餐厅在市场中获得更高的认可度和口碑，进一步推动商业成功。

4. 增加盈利能力

良好的餐饮空间设计可以提高餐厅的盈利能力。一个吸引人且符合消费者需求的餐饮空间可以吸引更多的顾客，提高餐厅的客流量和销售额。同时，通过设计提升品牌价值和用餐体验，也可以增加顾客的消费意愿和消费金额，进一步提高餐厅的盈利能力。

第二节　餐饮空间设计的历史演变与趋势

一、古代餐饮空间设计概览

古代餐饮空间设计概览可以从多个方面来探讨。在古代，餐饮空间的设计往往与当时的社会文化、审美观念、宗教信仰等因素紧密相连。以下是对古代餐饮空间设计的一些概览：

1. 建筑与装饰风格

古代餐饮空间的设计通常受到当时建筑风格的影响。例如，在中国古代，餐饮空间可能采用传统的木结构建筑，并运用雕刻、彩绘等装饰手法，营造出庄重、典雅的氛围。同时，家具和餐具等物品也往往采用精美的材质和工艺，彰显出主人的尊贵和品位。

2. 空间布局与功能分区

古代餐饮空间的设计通常注重空间的布局和功能分区。在宫廷或贵族的宴会场所，可能会有专门的厨房、餐厅、宴会厅等区域。这些区域的设计往往考虑到食物的制作、呈现、品尝等流程，以及不同身份和地位的人的用餐需求。

3. 文化元素的融入

古代餐饮空间的设计常常融入各种文化元素。例如，在中国古代，餐饮空间可能会融入诗词、书画等艺术元素，营造出一种文化氛围。同时，餐具和装饰物也可能采用象征吉祥、富贵的图案和符号，寓意着美好的祝福和期望。

4. 风水与环境

在古代，风水学对餐饮空间的设计也有一定的影响。人们可能会根据风水学的原理来安排餐饮空间的位置和布局，以期达到吉祥、和谐的效果。同时，餐饮空间的设计也会考虑到与自然环境的融合，如利用自然景观、引入自然光线等，营造出舒适、宜人的用餐环境。

在现代餐饮空间设计中，经常可以看到对古代餐饮空间设计元素的引用和融合。设计师们会从古代的设计中寻找灵感，运用现代的诠释方式将其融入现代餐饮空间设计中。例如，现代餐饮空间设计中经常使用的瓷砖元素，就渗透着中国几千年来引以为豪的陶瓷文化，这种设计手法既当代又不失传统。

此外，古代餐饮空间设计中注重的空间布局、功能分区以及文化元素的融入等理念，也在现代餐饮空间设计中得到了延续和发展。设计师们会根据现代人的用餐需求和审美观念，对传统的设计元素进行再创造，使其更好地适应现代餐饮空间的需求。因此，可以说古代餐饮空间设计在现代仍然有所传承，并且在与现代设计理念的融合中焕发出新的活力。

二、现代餐饮空间的发展

进入新世纪，世界经济出现了大发展，中国面临着机遇，更面临着挑战。新形式的发展也对餐饮空间设计提出了新的要求。

（一）餐饮品牌化发展趋势

餐饮市场正逐步迈入品牌消费的新纪元。对于餐饮企业而言，品牌的力量已变得至关重要，它不仅是企业形象的象征，更是企业在激烈市场竞争中脱颖而出的关键。未来的餐饮市场，将是品牌与品牌之间的较量，只有那些具备强大品牌力的企业，才能占据更广阔的市场份额。

品牌力在吸引消费者方面发挥着举足轻重的作用。随着人们对餐饮环境、体验和服务的要求日益提高，越来越多的消费者倾向于选择知名度高、口碑好的餐厅就餐。因为这样的餐厅不仅能为他们提供优质的餐饮体验，还能让他们吃得安心、放心。一些成功的餐饮企业，除了拥有出色的产品外，强大的品牌力也是其赢得消费者青睐的关键因素。

品牌作为企业形象的标志和经济实力的象征，具有化无形为有形的强大功能。首先，通过品牌要素（如名称、标识、色彩等）及其所传递的核心价值，消费者能够迅速识别产品，并在心中形成一定的认知度和品牌记忆。这有助于增强消费者对品牌的忠诚度，从而稳定餐饮市场份额。其次，品牌承载着诚信和质量保证的使命。购买品牌产品可以降低消费者在身体、财务、社交和心理等方面的风险，提升消费者满意度。最后，品牌作为企业重要的无形资产，具有商品属性，可以进行买卖、转让或出借。而且，通过精心经营和维护，品牌的价值将不断增值。

因此，餐饮企业必须树立品牌营销观念，将满足消费者不断变化的需求作为出发点。只有深入了解消费者的需求，才能设计出符合他们期望的产品、制定合理的价格，并赢得他们的信赖和忠诚。同时，品牌营销还应关注社会的全面需求，包括精神文明、生态保护、可持续发展和和谐共处等方面的需要。在满足消费者需求的同时，企业也要努力满足社会的期望，以实现经济价值和社会价值的双赢。这样，餐饮品牌才能获得消费者和社会的广泛认可，走上品牌经营发展之路。

面对日益激烈的市场竞争和不断变化的市场格局，餐饮企业的经营者们必须不断调整思路、突出特色，使产品和服务更加适应市场需求。只有敏锐把握市场变化趋势，以优质的产品、合理的价格、舒适的环境和优质的服务赢得消费者的喜爱，才能在市场上取得成功。这种以潜在竞争优势为依据的定位策略充分体现了市场导向的经营理念。

（二）我国餐饮业发展方向

我国餐饮业是一个开放较早的行业，随着国际知名餐饮企业不断进入，对我国的餐饮经营理念、服务质量、文化氛围、饮食结构和从业人员素质等方面都带来了深远的影响。预计未来，我国餐饮行业的竞争会越来越激烈。

尽管国内餐饮企业在海外经营的数量还不多，中餐在海外的主要客群仍以华人华侨为主，但中餐已经成为当今世界华人经济的重要支柱之一。然而，由于中餐的多样性和烹饪工艺的复杂性，以及季节变化对饮食需求的影响，使得中餐难以实现像麦当劳、肯德基那样的标准化和工业化生产，这也增加了中餐"走出去"的难度。

经过多年的发展和市场竞争，我国餐饮业已经呈现出投资主体多元化、经营业态多样化、经营模式连锁化和行业发展产业化的新特点。金融资本和产业资本的介入进一步推动了这一趋势的发展，使得餐饮行业的发展势头更加强劲。

作为服务业的重要组成部分，餐饮业因其市场规模大、增长迅速、影响广泛以及吸纳就业能力强的特点而备受关注。在发达国家，餐饮企业也成为输出资本、品牌和文化的重要渠道，对于推动经济发展和文化交流具有重要意义。

（三）餐饮经营理念

我国餐饮业自 20 世纪 80 年代开始，经历了服务规范化、服务与菜肴并重的阶段后，进入了白热化的市场竞争阶段。在这一进程中，无论是哪种类型的餐饮企业，其成败都紧密围绕市场这一中心。特别是对于那些接待型宾馆来说，在如此激烈的市场竞争中，它们往往处于不利的位置。因此，为了在有序且充满特色的市场竞争中脱颖而出，并实现效益最大化，这些企业必须转变经营观念，真正做到以客人为中心，紧跟市场步伐。只有这样，它们才能在这个充满变数的市场中稳固自己的地位。

1. 就餐环境的更新

以酒店为例。现代酒店在餐饮方面普遍重视就餐环境的改善，将其作为吸引客源的重要手段之一。通过精心布置餐厅环境，突出特定地方特色或历史时期的建筑风格，往往能给客人带来意外之喜。有些酒店还会为了彰显某一历史名胜的独特魅力，在餐厅内进行相应的装饰点缀，使其成为客人享受美食与文化的场所。此外，根据不同风味的餐厅，设计出与之相契合的氛围也至关重要。无论是中式餐厅的古典雅致，还是西式餐厅的浪漫温馨，都应让客人在品尝美食的同时，感受到与众不同的特色和文化底蕴。

因此，现代酒店在餐饮业务中，不仅要注重美食的质量和口味，还要在就餐环境上下足功夫。通过不断创新和改进，打造出独具魅力的餐厅环境，为客人提供更加舒适、愉悦的用餐体验。

2. 服务观念的更新

当今的餐饮业在服务上已经迈入了新的高度，从过去的程序化、标准化服务，转变为现在的个性化、细腻化和人性化的服务。现代餐饮不再刻板地坚持台面餐具摆放的具体尺寸和距离标准，而是更看重实用性，更关心客人所真正关心的问题。这种服务风格的转变体现在亲切、周到、细致入微的服务特点上，同时在服务的细微之处也展现了人性化的一面。

现代餐饮业还在服务过程中巧妙地融入了艺术元素，甚至有些餐厅还加入了表演性特点，使得就餐体验更加丰富多彩。与此同时，站立式服务已逐渐被摒弃，取而代之的是走动式服务。这种服务方式允许服务人员在走动中更好地观察客人的需求，从而提供更加贴心、及时的服务，更凸显了"店随客便、以客为尊"的服务理念。

3. 菜肴品种及口味更新

现代餐饮消费者的需求和品位已经发生了显著变化。从过去的"口食""目食"，发展到今天的"心食"境界，消费者对菜品的评价不再仅仅局限于色、香、味、型和器皿，而是进一步拓展到声音、做法、分量、质量和点菜量等多个层面。同时，他们更加注重营养的均衡搭配、原料的新鲜程度以及烹饪手法的创新。

为了迎合这些市场需求，许多餐饮企业已经开始致力于菜品的开发与创新，注重兼容并蓄，融合不同菜系的特色，创造出新颖独特的口味。在继承传统的基础上，它们不断推陈出新，力求为消费者带来全新的餐饮体验。

随着经济的发展，大众消费市场逐渐成为餐饮业的主流。越来越多的工薪阶层选择走出家庭，到酒店和宾馆享受餐饮服务。因此，无论是社会餐饮还是酒店餐饮，都应该抓住这一市场机遇，通过增加菜品种类、调整口味和价格策略，吸引更广泛的大众消费群体。

三、当代餐饮空间设计的流行趋势

随着市场产品的日益丰富和第三产业的迅猛进步，中国人民的生活品质得到了显著的提升。特别是旅游业的兴盛，社交与商业活动的频繁，以及大量的人员流动，都促使人们在各种喜庆节日和闲暇时间里的聚餐次数显著增加，从而有力地推动了中国餐饮业的发展。为了与这一趋势同步，餐饮从业者不仅需要继续在食物的口味、形状、色彩和营养成分上下功夫，更要创造出与人们生活方式和饮食习惯相契合的餐饮空间环境。餐饮空间设计的核心在于将美食与文化完美结合，打造一个既能享受美味又能放松身心的理想场所。

随着社会经济的持续发展，餐饮业在人们生活中的重要性日益凸显。在餐饮空间的选择上，人们已经不再仅仅满足于食物的品质，而是对空间环境、心理感受和服务体验提出了更高要求。为了适应这种变化，餐饮空间已经逐渐从单纯的食品和饮料销售场所转变为传播饮食文化、展示人文内涵的新型文化空间。这就要求设计者必须根据空间的使用性质，灵活运用美学原理和技术手段，结合各种材质的特性，创造出既实用又舒适、既美观又能体现文化内涵的空间环境。在这样的背景下，空间装饰方法也随着空间内涵的演变而不断进步，呈现出多种新趋势。这些趋势不仅反映了人们对美好生活的追求，也为餐饮业的发展注入了新的活力。

1. 功能复合化

随着餐饮业的持续进步和演变，餐饮空间所承载的功能已经远超出了单纯的饮食需求。现代餐饮空间已经逐渐发展成为一个融合了饮食、娱乐、交流、休闲等多种功能的综合性场所。这种转变不仅反映了餐饮业对于市场需求的敏锐洞察和灵活应对，也体现了人们对于美好生活追求的多样化和丰富性。

在这样的背景下，餐饮空间不再仅仅是满足人们口腹之欲的地方，而是成为一个多元化、复合性的功能空间。无论是家庭聚餐、朋友聚会，还是商务宴请、休闲娱乐，现代餐饮空间都能提供相应的服务和环境，满足人们在不同场合下的需求。这种转变正是迎合了当代人对于生活品质的追求。人们不再仅仅满足于单一的功能和服务，而是希望在一个空间中能够同时享受到多种不同的体验和感受。因此，对于餐饮业来说，如何打造一个多元化、复合性的功能空间，提供更加丰富和多样化的服务和体验，将成为未来发展的重要方向。同时，这种转变也与时代的发展和大众的需求相契合。随着社会的进步和经济的发展，人们对于生活的期望和要求也在不断提高。餐饮业作为与人们生活息息相关的行业之一，必须紧跟时代的步伐，不断创新和改进，以满足人们日益增长的需求和期望。

2. 空间多元化

随着现代餐饮空间功能的多样化发展，餐厅的空间形态也呈现出越来越多元化的趋势。在中、大型餐饮空间中，设计师们常常运用开敞空间、流动空间、模糊空间等基本构成单元，通过巧妙的组合和变化，创造出形态各异、相互连通的功能空间。

这种空间组织方式不仅使得空间层次分明、富有变化，还能够为顾客带来丰富多样的空间体验。顾客在餐厅中就餐时，可以充分感受到空间变化所带来的乐趣，享受到更加舒适、愉悦的用餐环境。同时，这种多元化的空间形态也能够满足不同类型的餐饮需求。无论是正式的商务宴请还是休闲的家庭聚餐，中、大型餐饮空间都能够提供相适应的空间环境和氛围，让顾客在享受美食的同时，也能够感受到空间所带来的愉悦和满足。

现代餐饮空间的设计已经不再是单纯的美学追求，而是更多地考虑到实用性和功能性，注重空间与人的互动和体验。未来随着科技的不断进步和人们需求的不断变化，相信餐饮空间的设计将会呈现出更加多元化、智能化的趋势。

3. 信息数字化

科技的快速发展和信息数字化的广泛应用已经对餐饮业产生了深远的影响。在许多主题餐厅中，数字媒体和计算机控制的装饰物不仅为顾客带来了新颖的用餐体验，还提高了餐厅的运营效率。例如，一些特色餐厅利用数字化媒介装置，设计贯穿于整个空间的"水道",实现了菜品的全自动运输。这种创新的方式不仅吸引了顾客的眼球,还减少了人力成本,提高了服务效率。此外,为了减少信息传递的误差,节约传递时间,提升工作效率,越来越多的餐厅选择使用全计算机系统进行服务信息的传递。这种数字化的服务方式不仅使餐饮空间变得更加便捷和人性化,还提高了餐厅的服务质量和顾客满意度。

4. 材料绿色化

随着城市化的步伐不断加快,人们逐渐与大自然疏远,生活在由水泥、钢筋和混凝土构成的环境中。然而,这种疏远并没有减少人们对健康环保的渴望,反而使这种追求变得更加强烈。人们越来越向往大自然,追求低碳生活,希望在日常生活中能更多地接触到自然元素,感受到大自然的清新与宁静。这种追求也深刻地影响了餐饮空间设计。为了满足人们对健康生态空间的渴望,设计者在进行餐饮空间设计时,开始考虑如何将室外的绿色景观引入室内,让顾客在用餐的同时也能享受到大自然的美丽与宁静。然而,这种方式只适合于某些特定主题的餐饮空间,无法在所有餐厅中推广。

因此,更多的设计者开始从材料选择上下功夫,力求通过选用环保、健康的材料来营造健康的空间环境。他们尽可能选用自然材料对整体空间进行装饰,如使用木质家具、石材台面等,这些材料不仅环保健康,还能给顾客带来温馨舒适的感觉。同时,在照明、通风等方面也进行精心设计,确保空间内的光线充足、空气流通,为顾客营造一个舒适、健康的用餐环境。

在现代餐饮空间设计中,选材是非常重要的环节。选择合适的材料不仅能提升餐厅的档次和品位,还能为顾客带来更加健康、舒适的用餐体验。因此,设计者在进行餐饮空间设计时,应充分考虑顾客的需求和感受,选用符合环保标准的材料,为顾客营造一个健康、生态的用餐环境。

5. 手法多样化

餐饮空间设计是随着整个行业的进步不断地向前发展的,为了适应发展、满足使用者的需求,要求设计者在设计手法上不断创新,力求运用多种设计手法来营造最佳的用户体验餐饮空间。近年来,交互设计法、数字化设计法、信息可视化法、景观室内化设计法等都逐渐被应用到了餐饮空间设计里。

交互设计法注重空间与人的互动,强调顾客在餐饮空间中的参与感和体验感。通过巧妙的交互设计,可以让顾客在用餐过程中感受到更多的乐趣和惊喜。

数字化设计法则利用数字技术,将虚拟与现实相结合,为顾客带来更加丰富多彩的视觉和感官体验。例如,通过投影、LED 显示屏等数字化设备,可以打造出独具特色的光影效果,营造出梦幻般的用餐氛围。

信息可视化法将复杂的信息以直观、易懂的方式呈现出来，方便顾客快速获取所需信息。在餐饮空间中，信息可视化设计可以应用于菜单、导视系统等方面，提升顾客的就餐效率和体验。

景观室内化设计法则将室外的自然景观引入室内，让顾客在用餐的同时享受到大自然的美丽与宁静。通过巧妙的景观设计和布局，可以打造出独具特色的室内花园或水景等自然景观，为餐饮空间增添绿意和生机。

第三节　当代餐饮空间设计的新视角

一、体验式餐饮空间设计

体验式餐饮空间设计是一种创新的设计策略，它将体验式设计思维巧妙地融入餐饮环境的构思中。这种设计方法的核心理念在于营造一个别具一格的空间氛围，同时为顾客提供丰富的互动和参与机会，进而在用餐时为顾客创造更加深刻和多维度的体验。在这样的设计构想下，餐饮空间不再是一个仅提供餐饮服务的场所，而是转变成一个能够全方位触动顾客感官、激发情感共鸣并引发认知体验的多元化平台。为了实现这一设计目标，设计师们需要巧妙地运用诸如主题设定、空间规划、感官刺激、交互式设计及情感链接等多种设计元素与手段。通过这些精心设计的元素，设计师致力于打造一个既独特又引人入胜的餐饮环境，以期在顾客享受美食的同时，也能为他们带来愉悦、舒适与满足的空间体验。这种体验式餐饮空间设计方法的出现，不仅为顾客提供了一种全新的、超越传统餐饮体验的用餐方式，也为餐厅在激烈的市场竞争中提供了一种有效的差异化策略。通过为顾客提供独特而难忘的体验，这种体验式餐饮空间设计方法有助于餐厅吸引更多潜在顾客，进而提升其品牌形象和市场竞争力。

体验式餐饮空间的核心特质在于可参与性和互动性，这种空间环境鼓励顾客亲身融入其中，通过直接地参与和互动来获得丰富多样的情感体验。在这样的餐饮空间里，每位参与者都能成为空间情感氛围的共创者，他们的行为和感受在互动中不断交织、碰撞，从而生成独特而深刻的体验结果。这种强调互动性的设计理念，彻底颠覆了传统餐饮消费模式中消费者作为被动接受者的角色定位。如今，消费者越来越注重消费过程中的体验感受，而不仅仅是产品或服务的使用价值。因此，体验式餐饮空间的设计思路正是以引导消费者的消费过程为目标，通过精心营造的空间环境和情感体验，来吸引并满足消费者对于美好体验的追求。在当下的市场环境中，以体验式为特色的餐饮店正不断涌现，这既是时代发展趋势的体现，也是消费者需求升级的必然结果。在体验经济的大背景下，消费者对于消费过程的体验感受变得尤为看重，这也使得体验式餐饮空间与传统餐饮空间之间的区别越发明显。传统餐饮空间可能更注重提供基础的就餐服务，而体验式餐饮空间则致力于通过创新的设计手段，为消费者打造一个能够全方位满足其消费需求和情感体验的就餐环境。

人的感官是体验世界的重要通道，包括视觉、听觉、嗅觉、味觉和触觉，分别对应着我们的眼睛、耳朵、鼻子、舌头和身体。在体验式餐饮空间中，这些感官被充分调动，共同参与到体验的过程中来。视觉是我们感知空间最直接、最快速的途径。在餐饮空间的设计中，灯光、材料、色彩以及家具等可视元素被精心组合，以营造出特定的环境氛围。然而，一个完整的空间体验并不仅仅依赖于视觉，它还需要其他感官的协同作用。比如听觉在空间体验中也扮演着重要的角色。对于视觉受限的人来说，听觉甚至可能成为他们感知空间的主要途径。因此，在体验式餐饮空间中，背景音乐的选择和音量都应以提升消费者的愉悦感为目标，从听觉层面为空间营造出独特的体验式氛围。嗅觉同样不容忽视，它主要通过菜品的味道来体现。一方面，美味的菜肴可以吸引消费者；另一方面，通过在其他细节处如卫生间放置熏香，也可以有效提升整体空间的品质感。对于以盈利为目的的餐饮空间来说，食物的香味不仅能刺激食欲，还能促进消费行为的发生。另外，触觉也是空间体验中不可或缺的一部分。消费者在空间中所接触到的各种材料，如餐具、桌椅、地面铺装等，都会给他们带来不同的触觉感受。因此，在设计过程中需要注重材料的选择和搭配，以及空间动线的规划，确保为消费者提供一个安全、舒适且令人愉悦的用餐环境。

在消费日益多元化的今天，体验式餐饮空间的设计呈现出一种综合性的特点。这种综合性体现在对多种感官体验的融合、对不同消费群体的需求洞察，以及在有限空间内创造无限体验形式的巧思。设计师们需要深入了解不同消费群体的需求、偏好和文化背景，才能打造出能够引发归属感、认同感和情感共鸣的餐饮空间。

如图1-5所示，以日本京都的茶屋为例，许多传统茶屋成功运用了体验式餐饮空间设计的理念。这些茶屋不仅保留了传统的日式建筑风格，更通过精心的空间布局和环境营造，让顾客在品尝美食的同时，沉浸于深厚的文化氛围之中。私密的房间、传统的茶道仪式、和风装饰元素以及专业茶师的指导，共同构成了一个全方位、多层次的体验空间。在这样的空间里，顾客不仅可以享受到美味的茶点，更能亲身感受到日本茶道的独特魅力和文化内涵。

图 1-5　日本传统茶屋

　　如图 1-6 ～图 1-10 是古市香跷脚牛肉餐厅的室内设计图。跷脚牛肉是四川省乐山市古市香餐厅的招牌菜。品牌升级的形象展示是本案的一大核心。设计师运用现代设计思维方式，从乐山地理风貌及人文中提炼出设计元素，并延伸出有规律的形体，来构筑空间的关系，让消费者体验四川乐山的地域文化。

　　建筑临街道面，建筑物新增了三处抱厦向外延伸，与景观相配合，营造出外部用餐空间的围合感。抱厦后方的主体建筑前身本是废弃的仓房，空间结构方正简单。设计师对原有空间结构进行梳理，借鉴苏稽小镇的川西传统民居形制，运用和演变了传统穿斗式建筑结构，在保留原始质感的基础上，通过克制的处理让空间呈现出素雅、有机与市井的生活气息。废弃仓房，让室内空间有着足够的挑高，借此极大地发挥了空间的格局优势。空间被裁成三层，四座楼梯串联起层层叠叠的空间结构，好似高低起伏的乐山城，味觉与视觉在空间中交织，共感出乐山独特的风土人情。除了川西传统民居建筑形式，借乐山著名的九处洞天名，以表现古市香浓郁的地方特色和源远流长的文化内涵。

图 1-6　古市香跷脚牛肉餐厅门面

图 1-7　古市香跷脚牛肉餐厅室内（1）

图 1-8　古市香跷脚牛肉餐厅室内（2）

图 1-9 古市香餐厅室内（3）

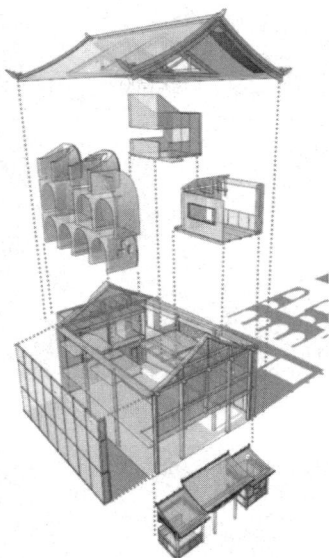

图 1-10 古市香餐厅设计草图

二、情感化餐饮空间设计

情感化餐饮空间设计是一种以人为本的设计理念，它注重在餐饮环境中融入情感元素，通过精心打造的空间氛围和细节体验，触动顾客的情感弦，让他们在用餐过程中感受到愉悦、满足和归属感。这种设计理念强调空间与人的情感互动，让餐饮空间不再仅仅是提供食物的场所，而是成为传递情感、创造回忆的温馨之地。

在情感化餐饮空间设计中，设计师需要运用多元化的设计语言，如视觉、听觉、嗅觉等，来营造出独特的空间氛围。柔和的灯光、温暖的色调、舒适的座椅和装饰品，都能让顾客感受到家的温馨和舒适；而有趣的互动环节、富有故事性的装饰元素，则能引发顾客的情感共鸣，让他们在空间中找到归属感和认同感。

如图 1-11 ～图 1-14 所示，gaagaa 餐厅包容着当下多元化的味觉系统，希望打造轻松无界限的社交感餐厅，让不同年龄段的人、不同城市或不同国家的人，都能轻松步入，找到一个自在且舒服的位置坐下来，让身心感受回归细腻，让生活被美好的、我们所爱的、所需要的一切围绕：食物、绿植、音乐、阳光、爱人……整个餐厅带给消费者自然、轻松、愉悦的就餐空间氛围，像家一样温暖自在。

图 1-11　gaagaa 餐厅（1）

图 1-12　gaagaa 餐厅（2）

图 1-13　gaagaa 餐厅（3）

图 1-14　gaagaa 餐厅（4）

情感化餐饮空间设计的核心在于满足顾客的情感需求。每个人都有着对爱、归属、自尊和自我实现的精神需求，而情感化设计正是通过营造愉悦的空间环境，让顾客在用餐过程中感受到这些需求的满足。当顾客在空间中找到共鸣和情感连接时，他们会对餐厅产生好感，形成品牌忠诚度，并愿意与他人分享这种美好的用餐体验。

优秀的情感化餐饮空间设计需要具备可控性、可调节性、可创造性和可拆解性的特征。设计师需要综合运用各种设计元素和技巧，创造出能够引发顾客情感共鸣的空间环境。同时，他们还需要关注顾客的需求变化，随时调整空间氛围和细节设计，以保持空间的吸引力和竞争力。

通过情感化餐饮空间设计，餐厅可以打造出独特的品牌形象和市场竞争力。当顾客在空间中感受到愉悦和满足时，他们会将这种美好的体验与餐厅的品牌形象联系在一起，形成品牌忠诚度。而这种忠诚度不仅能带来回头客，还能通过口碑传播吸引更多新顾客，为餐厅带来持续稳定的客流和收益。

三、跨文化融合餐饮空间设计

在全球化的浪潮下，跨文化融合已成为当代餐饮空间设计的一种鲜明趋势。设计师们纷纷将目光投向世界各地的文化宝库，从中汲取灵感，将不同国家和地区的文化元素和风格巧妙地融到餐饮空间设计中。这种设计方式不仅极大地丰富了设计的内涵和表现力，也为消费者带来了全新的用餐体验。

跨文化融合餐饮空间设计的核心理念在于打破文化隔阂，促进不同文化间的交流与融合。通过巧妙地运用各种文化符号、装饰元素和设计风格，设计师们创造出一个个充满异域风情而又和谐统一的用餐环境。在这样的空间中，消费者可以感受到不同文化的独特魅力，同时也能在享受美食的过程中体验到一种全新的文化交融。

新加坡是一个多元文化交融的典范，其餐饮空间设计充分展现了跨文化融合的魅力。在新加坡，你可以找到将中式、马来式、印度式和西式等多种风格元素完美融合的餐厅。这些餐厅不仅在装饰上独具匠心，将各种文化元素巧妙地融合在一起，更在菜品上大胆创新，将不同文化的特色美食呈现在消费者面前。

如图 1-15 所示，Senya 餐厅便是新加坡跨文化融合餐厅的杰出代表之一。这家餐厅由知名室内设计公司 Idbox 倾力打造，设计灵感源于"融合"——即将西方与亚洲文化完美结合。步入餐厅，你会被一面复古经典的装饰墙所吸引，它描绘了日本武士精神。整个空间以热烈的色彩为基调，营造出一种迷人而富有活力的氛围。金属、木材、皮革等材质打造的家具与整个空间风格相得益彰，既展现了现代设计的简约与时尚，又透露出浓郁的东方韵味。

图 1-15　Senya 餐厅

跨文化融合餐饮空间设计不仅为消费者带来了全新的用餐体验，也为餐厅赋予了独特的文化内涵和吸引力。在全球化的背景下，这种设计理念无疑将成为未来餐饮空间设计的重要发展方向之一。

第四节　餐饮空间设计的核心目标与原则

一、功能性原则

任何类型的空间环境设计，遵循功能性都是首要原则。消费空间功能的多样性十分重要，商业空间环境要满足空间功能的配置能符合消费者的消费需求。现代社会，消费者有着多样化的消费需求，相对应的我们就需要能够设计出多种多样的空间形式来满足潜在的消费活动需求。融合多种功能性，满足消费者融购物、娱乐、交际等为一体的综合消费需求，使消费空间最大程度地服务消费者的多样化需求，以吸引更多的消费群体到店消费，形成空间环境的持久吸引力。

二、美观性原则

餐饮空间设计的美观性原则是指在设计过程中，注重空间的美感和视觉效果，以创造出具有吸引力和舒适感的用餐环境。美观性原则是餐饮空间设计中的重要组成部分，它涉及空间的整体布局、色彩搭配、光线照明、材质选择等多个方面。

首先，整体布局要合理，空间规划要清晰明了，确保顾客在用餐过程中能够方便自如地移动和交流。座位的布局要考虑到顾客的舒适度和隐私需求，同时也要便于服务人员对顾客进行服务。

其次，色彩搭配要协调，以营造出舒适、愉悦的氛围。色彩的选择应该与餐厅的定位和风格相符合，同时也要考虑到顾客的心理感受和情感体验。例如，暖色调可以营造出温馨、亲切的氛围，而冷色调则可以让人感到清爽、现代。

再次，光线照明也是影响美观性的重要因素。适当的光照可以营造出舒适、明亮的用餐环境，增强食物的色彩和质感，提升顾客的用餐体验。同时，光线照明的设计也要与餐厅的风格和氛围相协调。

最后，材质的选择也是提升美观性的关键。材质应该与餐厅的定位和风格相匹配，同时也要考虑到耐用性、易清洁等因素。例如，高档的餐厅可能会选择使用大理石、实木等材质来提升空间的质感和档次。

三、经济性原则

餐饮空间设计的经济性原则是指在设计过程中，要充分考虑经济效益，确保设计的合理性和可行性。这一原则主要体现在以下两个方面：

首先，餐饮空间设计的经济性原则要求在设计之初就进行充分的预算和成本控制。这包括选择合适的装饰材料、家具和设备，避免过度奢华和浪费。设计师需要在保持空间美观和舒适的同时，注重材料的选择和成本的优化，以确保投资回报率的最大化。

其次，经济性原则还体现在空间的高效利用上。餐饮空间是有限的，如何在有限的空间内实现最大的功能性和效益性，是设计师需要面对的挑战。因此，设计师需要合理规划空间布局，确保座位的数量、服务区域的大小以及通道的宽度等都得到合理的安排。通过巧妙的空间规划和布局，可以在有限的空间内实现最大的经济效益。

最后，经济性原则还要求设计师在设计过程中考虑到长期运营的成本。这包括设备的维护、清洁和更新等方面。设计师需要选择耐用、易清洁的设备和材料，以减少长期运营中的维护成本。

餐饮空间设计的经济性原则要求设计师在设计过程中充分考虑经济效益、成本控制和空间的高效利用。通过合理的预算、材料选择、空间规划和长期运营成本的考虑，确保餐饮空间设计的合理性和可行性，实现投资回报率的最大化。

四、可持续性原则

坚持走绿色可持续发展的道路已经成为全社会的共识。这种理念不仅贯穿于我国的宏观政策和产业发展中，也深深植根于我们每个人的日常生活和消费行为中。

从个人层面来看，绿色环保理念已经深入人心。比如，我们提倡并实践着"光盘行动"，即按需取餐，避免食物浪费。这种行动不仅是对个人消费行为的约束，更是面对全球粮食危机的深刻反思和实际行动。在更广泛的层面，新型环保材料的研发和应用也取得了显著进展。这些材料不仅具有传统材料所不具备的优异性能，而且在使用过程中对环境的影响更小。例如，一些利用废旧物品结合个人创意思维后制成的艺术品或实用品，不仅实现了废物的再利用，也赋予了它们新的生命和价值。这种"变废为宝"的做法正是可持续环保理念的生动体现。在商业空间环境设计中，可持续性的理念也得到了广泛应用。空间规划的灵活性和空间功能的最大化呈现是可持续性的重要表现。通过巧妙的设计和布局，商业空间可以在满足使用需求的同时，实现能源的高效利用和环境的最大化保护。此外，装饰材料的健康、环保、低能耗与高质量使用价值也是可持续性的重要考量因素。例如，一些传统材料结合现代技术手段形成的新型材料，不仅具有优异的性能，而且在使用过程中对环境的影响更小，因此具有广阔的市场前景。

在空间环境的设计方面，可持续性的实现还可以充分借助自然条件。例如，通过巧妙地利用自然光，可以实现灯光设计的可持续性。这种设计方式不仅可以节省能源，还可以营造出更加舒适和自然的室内环境。

树立理性、科学的消费观是实现可持续环保生活的重要保障。只有当我们每个人都能够理性地看待消费，避免盲目和过度的消费行为时，才能形成一个具备健康有序的消费文化风气的新社会。而这种新社会的形成，又将进一步推动绿色可持续发展理念的深入人心和广泛实践。

课后习题

1. 简述餐饮空间设计的重要性及其与商业价值的关系。
2. 分析当代餐饮空间设计的流行趋势。
3. 结合实例，论述当代餐饮空间设计的新视角及其在设计中的体现。
4. 分析一家知名餐厅的空间设计，指出其设计原则及核心目标。

第二章

餐饮空间的业态分类与设计原则

第一节　餐饮空间业态分类

一、餐饮空间的业务性质分类

餐饮空间不仅仅是用餐的地方，它还承载着多种功能，包括娱乐休闲、庆祝活动、信息交流、社交互动以及亲友相聚。基于这些多元化的功能，餐饮空间在业务性质上主要可以划分为两大类别：正餐型餐饮空间和休闲娱乐型餐饮空间。

正餐型餐饮空间通常有更为正式的氛围和布局，主要包括多功能厅、宴会厅、中餐厅、西餐厅、风味餐厅以及日韩餐厅等。这些场所不仅提供美食服务，还承载着举办各类正式宴会、商务聚餐或节庆活动的功能。

而休闲娱乐型餐饮空间则更加注重轻松自由的氛围，如咖啡馆、酒吧等。这些场所不仅是人们休闲放松的好去处，也是进行非正式社交、信息交流以及享受闲暇时光的理想选择。

（一）多功能厅

多功能厅（图 2-1、图 2-2）作为餐厅内规模最大、设施最完备的大型空间，其使用功能极为灵活多变。它既可以作为举办大型餐宴、酒会、茶话会等餐饮活动的场所，满足人们对美食与社交的双重需求；同时，它也可以摇身一变，成为举办大型国际会议、展销会以及各类节日庆典活动的理想之地。

在进行多功能厅的硬装设计时，消防安全规范的遵循是绝对不可忽视的重要环节。设计师必须确保所有设计元素和布局都严格符合消防规定，绝不能在安全问题上抱有侥幸心理或触碰红线。

而在软装陈设方面，绿植的运用是一种既美观又实用的选择。通过巧妙地布置或利用绿植来分隔空间，不仅能为室内增添一抹生机与绿意，还有助于营造出更加舒适宜人的用餐或会议环境。在选择绿植时，以常绿植物为最佳，它们能够长时间保持鲜亮的色彩和旺盛的生命力，为室内空间带来持久的活力。

图 2-1 多功能厅（1）　　　　　　图 2-2 多功能厅（2）

此外，多功能厅的空间布局也应注重多样性和私密性的平衡。不同餐区、餐位之间应保持适当的距离和隔断，以确保各自活动的独立性和不受干扰。同时，通过巧妙的空间划分和设计手法，还可以在一定程度上控制人们的交往距离，营造出既亲密又不失礼貌的社交氛围。

（二）宴会餐饮空间

宴会餐饮空间（图 2-3、图 2-4），作为举办各类宴会、鸡尾酒会、红酒品鉴、大小型会议等商务与文化交流活动的专属场所，不仅承载着人们交流情感、协调意见的重要功能，更在室内陈设设计上追求富丽堂皇与文化情感的完美融合。

这类空间通常位于酒店内部，既可以独立设置，以凸显其尊贵与私密性；也可以与大餐厅灵活结合，从而提高空间的使用效率。在设计时，必须充分考虑室内空间的多功能性及使用可能性的合理规划，以便于布置和陈设，进而营造出或隆重、或庄严的氛围，以满足不同场合的需求。

图 2-3 宴会餐饮空间（1）

图 2-4 宴会餐饮空间（2）

同时，设计师还需为前来参加宴会的宾客提供宽敞舒适的活动空间，包括聚集、交流、休息和逗留等。宴会空间往往采用开敞式大空间设计，通过各种隔断的巧妙安排和座椅等家具的灵活布置，可以轻松划分出不同的功能区域，如宴会区、冷餐区以及 T 台展示区等。

这种类型的餐饮空间在设计上需要具备高度的灵活性和多变性。根据宴会的具体需求，可能需要设置自助服务台。因此，在设计过程中必须充分考虑自助餐的工作流程，合理规划餐饮的储存、储藏、配制和烹制的顺序，确保服务的顺畅与高效。同时，通过巧妙的分隔设计，宴会厅还可以兼顾临时礼仪、会议和报告等多种功能。

根据满座人数的不同，宴会餐饮空间可分为小型、中型和大型三种规格。小型宴会厅适合举办 100 人左右的聚会活动；中型宴会厅则可容纳 200 ~ 300 人；而大型宴会厅则可满足 500 人左右的盛大场合需求。特别需要注意的是，当餐位数超过 200 座且面积大于 1000m² 时，该餐饮空间将被视为消防安全重点单位。因此，在平面布局和立面材料工艺上必须严格遵循消防安全标准，确保宾客的安全与舒适体验。

（三）中餐厅

中餐厅（图 2-5）作为中华美食的聚集地，不仅承载着供应各式中餐的重任，更因地域菜系的差异而呈现出丰富多彩的风貌。从鲁菜的醇厚、川菜的麻辣，到苏菜的清雅、粤菜的鲜美，再到浙菜的细腻、闽菜的鲜香，以及湘菜的酸辣、徽菜的醇和，八大菜系及其衍生出的小地方菜系餐厅，共同绘制了一幅中华美食的瑰丽画卷。

图 2-5　中餐厅

　　中餐厅不仅仅是用餐之地，它更是中国悠久历史和灿烂文化的缩影。在这里，用餐的情调被提升至艺术的高度，礼节与和睦圆满的文化精神相互交融，共同营造出一种独特的人情味，透露出中式文化的深厚底蕴。

　　在硬装设计上，中餐厅常常巧妙地融入传统建筑元素。藻井吊顶、斗拱、中式水墙、照壁以及自然式庭院等经典元素，在这里焕发出新的生机与活力。而在陈设设计上，则通过题字、书法、绘画、器物、灯具、挂饰等精心布置，营造出一种高雅脱俗的灵性境界。这些元素相互映衬，共同勾勒出一幅幅美丽的中式画卷。

　　如图 2-6 ~ 图 2-8 所示，是位于澳大利亚墨尔本的满堂中餐厅，其空间设计繁华别致，华丽的空间装饰与琳琅满目的食物相辅相成。每种材料，每种颜色都在灯光的引导下发挥出最大的优势。包间色彩淡雅，给人明亮开放的感受。空间内丰富的主光源和辅助光源十分有层次，满足中国传统宴会的需求，也符合西方审美。所有区域的壁灯和吊灯都做到了传统与现代相结合，恰到好处地出现在空间中。

图 2-6　满堂中餐厅（1）

图 2-7　满堂中餐厅（2）

图 2-8　满堂中餐厅（3）

　　如今，随着餐饮文化的不断创新与发展，一些改良菜和创新菜餐厅也应运而生。这类餐厅针对对环境有特殊要求的顾客群体，致力于打造更加优质、舒适的用餐环境。在这里，环境氛围的营造至关重要，既要适合用餐，也要适合闲聊。因此，这类餐厅在设计上必须具备独特且令人印象深刻的元素、流线或灯光等。

（四）西餐厅

"西餐"这个词蕴含着丰富的地理与文化内涵。"西"指向的是西方，主要涵盖了西欧各国，而"餐"则简单地指代饮食菜肴。然而，当我们提及西餐时，其实不仅仅局限于西欧，东欧、美洲、大洋洲、中东、中亚、东南亚以及非洲等地的饮食文化也都包含其中。西餐的特色在于其独特的餐具——刀叉，以及以面包为主食的饮食习惯，餐桌通常呈长方形。

西餐的魅力在于其多元化的特点：主料鲜明、形色俱佳、口味鲜美、营养丰富且供应便捷。西餐厅设计是西方餐饮文化的集中体现，涵盖了除中餐厅以外各国的餐厅风格（图 2-9 ~ 图 2-12）。

图 2-9　西餐厅（1）

图 2-10　西餐厅（2）

图 2-11　西餐厅（3）

图 2-12　西餐厅（4）

要深入理解西餐厅的设计，我们需要把握六个核心要素，即"六个 M"。

一是"Menu（菜谱）"，它是西餐的灵魂所在。二是"Music（音乐）"，在西餐厅中，柔和的乐曲是营造氛围的重要元素，无论是现场乐队演奏还是音响播放，都需要精心设计。音乐的声音要控制在若隐若现之间，既不影响交谈，又能为用餐增添愉悦感。三是"Mood（气氛）"，西餐厅追求的是环境优雅、气氛和谐。这需要通过适宜的音乐、整洁的桌台、洁净的餐具以及柔和的灯光来共同营造。特别是晚餐时，暗淡的灯光和桌上的蜡烛能够为用餐者带来浪漫迷人的体验。四是"Meeting（会面）"，这强调了西餐用餐过程中的社交性。在设计时，需要考虑桌面大小、用餐人数以及空间的布局，以营造一个舒适的社交环境。五是"Manner（礼俗）"，西餐有着独特的用餐礼仪，这也是设计中需要考虑的因素。例如，刀叉的使用方式、用餐顺序等都需要在设计中得到体现。同时，西餐厅也注重"女士优先"的绅士风度，这也是营造优雅氛围的重要一环。六是"Meal（食品）"，它是西餐的核心所在。无论是精致的菜品还是丰富的口味，都需要在设计中得到充分的展示和尊重。

西餐厅的设计风格深受欧洲文化和生活方式的影响，特别是欧式古典建筑。虽然不同时期和地区的欧式古典建筑风格各异，但在西餐厅设计中，我们可以灵活地运用这些元素和装饰细部。既可以直接复制经典建筑的室内风格，也可以对其元素进行简化和提炼，创造出既具有欧洲风情又符合现代审美需求的西餐厅设计。在造型、颜色、材质、肌理和灯光等方面，西餐厅的硬装设计展现出微妙的差异，这些差异共同塑造了丰富多样的西餐厅风格。

西餐厅在设计中经常使用以下装饰细部：

（1）线角。欧式线角是西餐厅设计中常用的元素，特别是在顶棚与墙面的转角（阴角线）、墙面与地面的转角（踢脚线）以及顶棚、墙面、柱、柜等的装饰线上。这些线角的大小通常根据空间的大小和高低来确定，以保持整体的比例协调。高大的空间往往采用较大的装饰线角，以强调其宏伟感。

（2）柱式。柱式是西餐厅中重要的装饰手段，无论是独立柱、壁柱，还是为了特定效果而设置的假柱，通常都会采用希腊或罗马柱式进行处理。这些柱式可以根据需要选择圆柱或方柱，单柱或双柱。现在，各种柱式的柱头、柱身和柱础都可以在市场上购买到，为设计师提供了更大的灵活性。

（3）拱券。拱券是古罗马建筑的特色之一，在西餐厅中也经常被用于墙面、门洞、窗洞以及柱内的连接。大型的拱券通常会在上部中央加入"锁石"以增加稳定性，而较小的拱券和简化的做法则可能省略这一元素。拱券的形状包括尖券、半圆券和平拱券等。除了以上应用部位外，拱券还可以用于顶棚设计，结合反射光槽形成受光拱形顶棚，营造出独特的光影效果。

除了以上三种基本装饰细部外，西餐厅设计中还可以运用山花、断山花、麻花柱等元素进行组合和变形。这些装饰细部的巧妙运用可以使餐厅空间更加丰富多彩，充满艺术感和历史韵味。同时，它们也是西餐厅设计中不可或缺的重要组成部分，为打造独特风格的餐厅空间提供了有力的支持。

西餐厅的家具和陈设品是构成其独特风格和氛围的重要因素。除了实用的酒吧柜台外，餐桌椅是西餐厅最主要的家具。虽然餐桌常被白色或粉色桌布覆盖，对形式和风格的要求并不严格，但餐椅和沙发则成了餐厅中视觉的焦点。餐椅的靠背和坐垫通常采用与沙发相同的面料，如皮革或纺织品，以保持整体风格的协调。这些餐椅的造型通常简洁并具有欧式风格，很少使用装饰复杂的法式座椅，除非在一些特别豪华的雅间中。

陈设品在西餐厅中扮演着强化风格和营造用餐氛围的重要角色。常见的陈设品包括烛台、欧式建筑局部、欧式挂件、瓷罐、装饰镜面、装饰画、雕塑和彩色玻璃饰品等。这些物品的选择和布置需要根据餐厅的空间大小和主题风格来决定。在较大的豪华空间中，陈设品的尺寸通常较大，装饰图案也运用得较多，以彰显餐厅的豪华和品位。而在空间较小的雅间中，陈设品则相对小巧精致，以保持空间的舒适和温馨感。

然而，需要注意的是，装饰品和图案的数量并不是越多越好。过多的装饰可能会让空间显得杂乱无章，失去重点和焦点。因此，设计师在布置陈设品时需要把握好适宜的"度"，从实际需要出发，在关键位置进行着重装饰与处理。这要求设计师具备较高的审美修养和对美的鉴别能力，以确保餐厅的装饰既美观又实用，又能够营造出恰到好处的用餐氛围。

同时，西餐厅也离不开西洋艺术品和装饰图案的点缀与美化。这些艺术品和图案的选择应根据餐厅的风格和主题来决定，既要与整体环境相协调，又要能够突出餐厅的特色和品位。通过精心挑选和布置这些装饰品，西餐厅可以打造出独特而迷人的用餐环境，让顾客在品尝美食的同时，也能感受到浓郁的艺术氛围和文化底蕴。

用于西餐厅的装饰品与装饰图案可以分为以下几类：

西餐厅在装饰设计上常常运用各种艺术元素，以营造出独特的风格和氛围。以下是一些常见的装饰元素：

（1）雕塑。雕塑是西洋艺术中的经典形式，常用于西餐厅的装饰。根据风格，雕塑可分为古典雕塑和现代雕塑。古典雕塑适用于传统风格的餐厅，其优雅和庄重的形态与古典环境相得益彰。而现代雕塑则更适合简洁风格的餐厅，其夸张、变形和抽象的形态具有强烈的视觉冲击力。这些雕塑作品通常与隔断、壁龛以及庭院绿化等元素相结合，共同营造出独特的空间感。

（2）西洋绘画。油画和水彩画是西餐厅中常见的绘画形式。油画以其厚重、浓烈的特点，为餐厅带来交响乐般的表现力；而水彩画则以其轻松、明快的笔触，为空间增添一份浪漫气息。这些画作通常配以西式画框，进一步强调餐厅的西洋风格。同时，画作的题材和色彩也需要与餐厅的整体风格相协调。

（3）工艺品。工艺品是欧美传统手工艺的结晶，包括瓷器、银器、家具、灯具以及众多纯装饰品。在西餐厅中，这些工艺品常被巧妙地融到装饰和用品中，如银质烛台、餐具、瓷质挂饰等。这些工艺品不仅具有实用功能，还能为餐厅增添一份精致和艺术感。同时，一些装饰风格浓烈的家具也可以在雅间或展示区域使用，充分发挥其装饰功能。

（4）生活用具与传统兵器。除了艺术品和工艺品外，一些具有代表性的生活用具和传统兵器也是西餐厅常用的装饰手段。这些生活用具如水车、飞镖、啤酒桶、舵与绳索等，反映了西方人的生活方式和文化特色。而传统兵器如剑、斧、刀、枪等，则在一定程度上体现了西方的历史和文化传统。这些装饰元素不仅为餐厅增添了独特的风格气息，还能让顾客在用餐过程中感受到西方文化的魅力。

（5）装饰图案。西餐厅中也常采用各种传统装饰图案进行点缀。这些图案在"新艺术运动"的推动下得到了广泛发展，强调自然形态和曲线美感。常见的装饰图案包括植物图案、动物图案以及与生活密切相关的元素等。这些图案的运用不仅丰富了餐厅的视觉效果，还能为空间带来一份生动和活力。同时，装饰图案的选择也需要与餐厅的整体风格和主题相协调，以营造出和谐统一的用餐环境。

（五）风味餐厅

风味餐厅（图 2-13、图 2-14）是一种提供多样化餐饮体验的餐饮场所，它不仅提供特色菜肴、海鲜、烧烤及火锅等美食，还致力于为客人展现不同地域的风情和文化。为了实现这一目的，风味餐厅在室内设计上需要注重营造与饮食文化相契合的氛围，通过细致优雅的装饰和陈设品来体现"风味"二字。

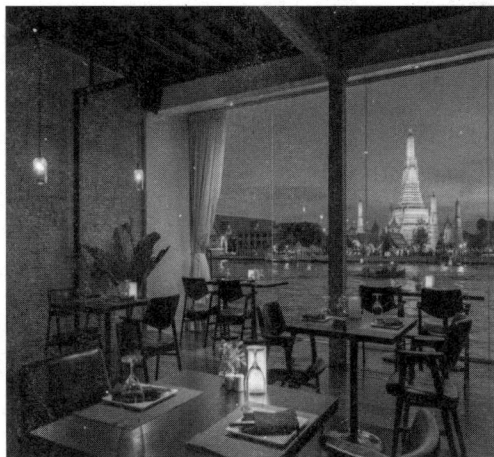

图 2-13　泰国曼谷风味餐厅　　　　图 2-14　某风味餐厅

在风味餐厅的室内设计中，硬装气氛的营造至关重要。这包括墙面、地面、天花板等基础装修元素的选择和处理，它们应与餐厅所要展现的饮食文化相协调。例如，如果餐厅主打的是中式风味，那么可以采用木质家具、古典灯饰和书画作品等元素来营造传统中式的氛围。

除了硬装气氛外，陈设品的选择也是体现风味餐厅特色的关键。不同的风味餐厅需要有与之相匹配的陈设品，这些陈设品应具有很强的文化特征，能够突出民族性和地方性。例如，在中式风味餐厅中，可以摆放一些中国传统的陶瓷器皿、茶具和摆件等；在西式风味餐厅中，则可以选用当地特色的绘画、雕塑和趣味灯饰等。

对于火锅餐厅这样的特定风味餐厅来说，由于其独特的风味和烹饪方式，功能布局时需要特别关注气罐、排气等功能的设置和处理。这是因为火锅烹饪过程中会产生大量的烟雾和蒸汽，需要有良好的通风系统来确保空气流通和避免烟雾聚集。同时，为了确保安全，气罐等燃料设备的放置和使用也需要严格遵守相关规定。

（六）日韩料理餐厅

日韩料理餐厅（图2-15、图2-16）是一种深受欢迎的餐饮形式，它融合了日本和韩国的传统烹饪技艺和饮食文化。在这种餐厅中，主食以米饭和面条为主，副食则多为新鲜鱼虾等海产品，同时也有牛肉、猪肉等多种选择。制作料理时，对食材的新鲜度、切割技巧和摆放艺术都有着极高的要求，力求达到"色、香、味、器"四者的和谐统一。

图2-15　日韩料理餐厅（1）　　　　图2-16　日韩料理餐厅（2）

日韩料理不仅重视味觉享受，更强调视觉美感。因此，日韩料理餐厅对陈设的要求非常高。料理器皿的选择尤为重要，要求色彩自然、形状多样、制作精良。有句话说得好，"美食不如美器"，足见器皿在日韩料理中的重要地位。在选择器皿时，需要细致入微，确保每一件器皿都能与料理相得益彰，共同营造出完美的用餐体验。

除了器皿外，氛围的营造也是日韩料理餐厅不可或缺的一部分。在硬装设计过程中，为了更加凸显异国风情和强化异国氛围，有些餐厅会采用席地而坐的方式。这种设计不仅能够让顾客更加贴近地面，感受到日韩文化的独特魅力，还能为餐厅增添一份宁静和雅致。在设计时，需要特别注意榻榻米的尺寸，以确保顾客的舒适度和整体空间的协调性。

（七）咖啡馆

咖啡馆（图 2-17、图 2-18）是以供应饮料、咖啡为主，兼供小吃、简餐的餐厅，同时为客人提供休息、消遣和交谈的场所。在设计过程中应考虑空间尺度、比例与人桌比例的适宜性，以及材料与色彩的自然性，以营造亲切休闲的空间氛围。

图 2-17 咖啡馆（1）　　　　图 2-18 咖啡馆（2）

（八）酒吧

酒吧（图 2-19、图 2-20）是提供含有酒精或不含酒精的饮品及小吃的场所。功能齐全的酒吧一般有吧厅、吧台、包厢、音响室、厨房、洗手间、储藏间、办公室和休息室等。酒吧家具设备包括吧台、桌椅、酒柜、电冰箱、电冰柜、制冰机、上下水道、厨房设备、库房设备、空调设备、音响设备等。现在的许多酒吧，更是添置了快速酒架、酒吧枪、苏打水枪等电子酒水设备。

图 2-19 酒吧（1）　　　　图 2-20 酒吧（2）

二、餐饮空间的经营形式分类

餐饮空间的经营形式主要分为酒店餐饮空间、普通餐饮空间、快餐店（包括自助餐厅、早餐店、小吃店）和食堂等。

（一）酒店餐饮空间

酒店餐饮空间场地大、设备齐全、员工专业水准高，往往具有高雅的格调，这类空间通常会兼备举办美食宴会、婚礼喜庆等仪式性活动的功能。

（二）普通餐饮空间

普通餐饮空间包括酒家、酒楼、餐厅、饭店和饭庄等，是指用餐者正式用餐的场所。一般餐厅以产品口味的不同，可分为中餐、西餐、日韩料理等按地域划分的几大餐厅类型，还包括火锅店和烧烤店等风味餐厅。

（三）快餐店

快餐店是指提前准备好食物，随时供应，客人自取所需食物（饮料除外），并按所取付账，能在最短的时间内供应最多的客人的一种餐饮空间。

现在流行的快餐店主要分为西式快餐店和中式快餐店。西式快餐店，比较有代表性的就是肯德基、麦当劳、汉堡王等连锁西式快餐品牌。由于生活节奏的不断加快，中式快餐的发展较为迅猛，比较有代表性的中式快餐品牌有大家乐、蓝与白、乡村基和大米先生等。如今，中式快餐品牌也开始逐步细分，有以大家乐、乡村基为例的配送完备的快餐类型，也有以蓝与白、大米先生为例的自选组合的快餐类型。这些不同的选餐、取餐方式直接导致了设计的不同。自助餐厅、早餐店和小吃店与快餐店的经营形式类似。

（四）食堂

食堂是指设于企事业单位、学校、幼儿园、医院、工地等场所，供内部职工、学生、病人和工人等就餐的场所，经营形式类似于快餐店。

三、餐饮空间的使用性质分类

依据餐饮空间的使用性质可以分为共享空间与私密空间两种，这两个空间的划分方式是基于心理上的。

（一）共享空间

"共享空间"是由美国著名建筑师约翰·波特曼（John Portman）根据人们交往的心理需求提出的空间理论，表现为外中有内，内中有外，大中有小，小中有大。餐饮空间中的共享空间往往是指餐饮空间的交通枢纽。

（二）私密空间

私密空间则表现为身处其中的任何人都不会被外界观察到或者注意到。餐饮空间中的私密空间往往是指包间、卡座等较为私密的场所。

四、餐饮空间的空间性质分类

依据餐饮空间的空间性质可以分为封闭空间与开敞空间，这两个空间的划分方式是基于视觉、听觉上的。

（一）封闭空间

封闭空间就是在视觉、听觉上封闭性和隔离性较强的空间。封闭空间的界面多为实体。

（二）开敞空间

开敞空间是一种在视觉和听觉上具有较低封闭性和隔离性的空间形式。这种空间通常具有很强的渗透性，便于人们进行交流，且没有实体的墙壁阻隔，视界通透。在餐饮空间中，开敞空间的应用尤为广泛，主要可以分为两种类型。

一种是内开敞的空间，这种设计方式主要是通过营造一种室外的视觉环境，将自然景观实质上引入室内，从而形成一种室外的开敞感。

另一种则是借景的空间设计方式。借景主要是通过一些透明、半透明或灰空间等介质，将室外的景致在视觉上引入室内。比如，餐厅可以巧妙地利用窗户、镜面或透明隔断等元素，将远处的山峦、建筑或街景等景象映入室内，使顾客在用餐时能够欣赏到美丽的景色，增加空间的层次感和趣味性。这种设计方式需要巧妙地运用各种元素和手法，以达到借景的最佳效果。

五、餐饮空间的确定性分类

依据餐饮空间的确定性可以分为虚拟空间和虚幻空间。

（一）虚拟空间

虚拟空间主要是通过部分形体进行启示，依靠图形和色彩的联想来划分空间，可以借助家具、陈设、梁、立柱、隔断、绿植、水体形成虚拟的分割，或者通过调整地台、天棚的高度来制造虚拟空间。

（二）虚幻空间

虚幻空间则是指通过镜面、镜面水体和光束幕墙等形成视觉上的虚幻的独立空间。

六、餐饮空间的规模分类

（一）小型餐饮空间

小型餐饮空间是指 100m² 以内的餐饮空间，这类空间比较简单，主要着重于室内气氛的营造。

（二）中型餐饮空间

中型餐饮空间是指 100 ~ 500m² 的餐饮空间，这类空间功能比较复杂，除了加强环境气氛的营造之外，还要进行功能分区，流线组织以及一定程度的围合处理。

（三）大型餐饮空间

大型餐饮空间是指 500m² 以上的餐饮空间，这类空间应特别注重功能分区和流线组织。

七、餐饮空间的空间布置类型分类

（一）独立式的单层空间

一般为小型餐馆、茶室等采用的类型。

（二）独立式的多层空间

一般为中型餐馆采用的类型，也是为大型的食府或美食城所采用的空间形式。

（三）附建于多层或高层建筑

大多数的办公餐厅或食堂常属于这种类型。

（四）附属于高层建筑的裙房

常见于部分宾馆、综合楼的餐饮部或餐厅、宴会厅等大中型餐饮空间。

第二节　餐饮空间设计的通用原则

一、人体工程学原则

人体工程学是一门研究人在特定工作环境中的解剖学、生理学和心理学等因素，以及人与机器及环境的相互作用的学科。它的目标是在工作、家庭生活和休假等各个领域中，统一考虑人的工作效率、健康、安全和舒适等问题。

人体工程学这门学科有着悠久的历史渊源，其萌芽可以追溯到古代，人们在制造和使用工具的过程中，就开始关注如何使工具适合人的使用。例如，在新石器时代，人类就懂得如何选择石块并将其制成各种适合使用的工具，同时也懂得选择适合自己生活的场所。这种对工具和环境的适应性选择，实际上就是人体工程学思想的初步体现。

在中国明代家具的设计中，也可以看到人体工程学的应用。明代的家具不仅造型简洁优美，更重要的是在家具与人体接触的部位做了人性化的设计。比如明代的官帽椅（图2-21），其靠背的"S"形曲线设计正好与人体脊柱的形状相适应，提供了良好的背部支撑。同时，椅背前缘、扶手等处的圆滑处理，也增强了使用时的舒适感。

图2-21　明代官帽椅

然而，尽管人类在自身的发展过程中不断运用着人体工程学的原理，但人体工程学真正作为一门系统的、独立的学科出现，还是近代工业革命以后的事情。随着工业革命和现代科学技术的飞速发展，社会日益复杂化，现代文明在带给人类安全与舒适的同时，也带来了许多负面效应。因此，如何协调人、机、环境之间的关系，创造一个健康、安全、舒适的工作和生活环境，成为现代科学技术发展中的一个重要课题。人体工程学正是研究这一问题的边缘学科，并在第二次世界大战后迅速渗透到人类生活的各个领域。

今天，人体工程学已经广泛应用于工业设计、建筑设计、环境设计、交通运输、航空航天、军事装备、医疗卫生、体育运动等领域，为提高人类的生活质量和工作效率发挥着重要作用。

餐饮空间设计中的人体工程学原则旨在创造一个舒适、安全、高效的用餐环境，满足人们的生理和心理需求。通过关注人体尺度和行为以及心理需求，设计师可以打造出符合人体工程学的餐饮空间，提升顾客的用餐体验。以下是人体工程学原则在餐饮空间设计中的概述：

（一）人体尺度与静态尺度

人体工程学在设计中对个体的静态尺度进行细致考虑，这是为了确保所设计的物品和环境能够与人的身体尺寸相匹配，从而提供舒适和便利的使用体验。在餐饮空间设计中，这种考虑尤为重要，因为用餐是人们日常生活中不可或缺的一部分，而舒适的就餐环境能够显著提升人们的用餐体验。静态尺度包括身高、坐高、臂长等人体在静止状态下的基本尺寸。这些数据为设计师提供了宝贵的参考，帮助他们确定餐饮空间中各种家具和设施的理想尺寸。例如，座椅高度的设计需要考虑到大多数人的坐高，以确保人们能够轻松入座并保持舒适的姿势。如果座椅太高或太低，都可能导致人们在用餐过程中感到不适。同样，桌子高度的设计也需要考虑到人们的坐姿和手臂长度，以确保用餐时手臂能够自然放置在桌面上，既不会让人们感到过高也不会感到过低。此外，储物空间的设计也是餐饮空间设计中需要考虑的一个重要方面。人们的个人物品，如手提包、外套等，需要有合适的存放空间。这些储物空间的位置和尺寸也需要根据人体工程学原理进行设计，以确保人们能够方便地使用它们，同时不会对用餐过程造成干扰。

（二）人体行为与动态尺度

人体工程学对于动态状态下的人体尺寸变化的关注，是餐饮空间设计中不可或缺的一环。行走、坐下、起立等日常动作，虽然看似简单，但在不同的空间布局和家具尺寸下，却可能对人们的舒适度和便利性产生显著影响。

动态尺度考虑的是人体在运动过程中的空间需求。例如，当人们行走时，需要足够的空间来摆动双臂和迈开步伐；在坐下和起立时，则需要考虑到膝盖和脚部的活动范围，以及身体重心的转移。这些数据为设计师提供了关于通道宽度、座位间距等方面的具体指导。

在餐饮空间中，通道宽度的设计至关重要。如果通道过窄，不仅会影响人们的行走速度，还可能造成拥堵和碰撞，从而降低空间的使用效率。因此，设计师需要根据人体工程学原理，合理设置通道宽度，确保人们能够自由、顺畅地行走。

座位间距的设计也同样重要。过近的座位间距会让人们感到拥挤和压抑，而过远的间距则会浪费空间资源。通过考虑人体在坐下和起立时的动态尺度，设计师可以确定合适的座位间距，既保证人们的私密性和舒适度，又充分利用空间资源。

此外，服务流线的设计也是餐饮空间设计中需要考虑的一个重要方面。合理的服务流线能够确保服务员高效地为顾客提供服务，同时避免与顾客的行走路线发生冲突。人体工程学的动态尺度数据为服务流线的设计提供了有力支持，帮助设计师规划出符合人体行为特征的服务流线。

（三）视觉与照明

人体工程学原则在餐饮空间设计中的照明和色彩运用方面发挥着至关重要的作用。合适的照明设计和色彩搭配不仅能够提升空间的视觉舒适度，还能对人们的用餐体验产生深远的影响。

照明设计在餐饮空间中扮演着举足轻重的角色。适当的照明能够凸显食物的色彩和质感，使其看起来更加诱人可口。同时，合适的照明强度和分布还能避免视觉疲劳和眩光，确保顾客在用餐过程中感到舒适和放松。为了实现这一目标，设计师需要综合运用自然光和人工照明，通过巧妙的布局和调控，打造出柔和、均匀且富有层次感的照明环境。

色彩搭配也是餐饮空间设计中不可或缺的一环。色彩能够直接影响人们的心理感受和情绪变化，因此在选择色彩时，设计师需要充分考虑到人们的心理需求。一般来说，温暖、柔和的色调能够营造出愉悦、轻松的用餐氛围，使顾客在用餐过程中感到更加放松和自在。而过于刺眼或沉闷的色彩则可能让顾客感到不适或压抑。因此，设计师需要精心挑选色彩，并通过巧妙的搭配和运用，打造出符合餐饮空间主题和风格的色彩环境。

需要强调的是，照明设计和色彩搭配并不是孤立存在的，而是需要相互协调、相互配合。设计师需要在充分考虑人体工程学原则的基础上，将照明和色彩有机地结合起来，共同营造出舒适、宜人、富有吸引力的餐饮空间。通过巧妙的照明和色彩设计，餐饮空间不仅能够满足人们的生理需求，还能在心理层面上为人们带来愉悦和满足。

（四）声学设计

人体工程学还关注餐饮空间中的声学设计，以减少噪声干扰和提高语音清晰度。例如，合理布置吸音材料、选择低噪声的设备和家具等，都有助于创造宁静、舒适的用餐环境。

人体工程学在餐饮空间设计中对声学设计的关注是至关重要的。噪声是餐饮空间中常见的问题，它可能来自各种源头，如人声的交谈、餐具的碰撞声、厨房设备的运行声等。过高的噪声水平不仅会影响顾客的用餐体验，还可能导致沟通困难，甚至对人们的听力健康造成潜在威胁。

声学设计的目的在于通过合理的布局和材料选择，减少噪声的产生和传播，从而提高语音清晰度，创造出一个宁静、舒适的用餐环境。在这个过程中，人体工程学原则发挥着重要的指导作用。

首先，合理布置吸音材料是声学设计中的关键一环。吸音材料能够有效吸收空间中的噪声，减少声音的反射和传播。在餐饮空间中，墙面、天花板和地面等都可以考虑使用吸音材料进行装饰。例如，墙面可以选择具有吸音功能的壁纸或板材，天花板可以悬挂吸音板或装饰物，地面则可以铺设地毯或软质地板等。这些措施都有助于降低噪声水平，提高语音清晰度。

其次，选择低噪声的设备和家具也是声学设计中不可忽视的一环。厨房设备、空调系统、通风设备等在运行过程中都可能产生噪声。因此，在选择这些设备时，应优先考虑其噪声水平，选择低噪声、高效能的设备。同时，家具的选择也应考虑到其可能产生的噪声。例如，选择稳固的餐桌和椅子，避免因为不稳固而产生的摇晃声和摩擦声。

最后，合理的空间布局也有助于减少噪声干扰。将嘈杂的区域（如厨房、吧台等）与用餐区域相对隔离，可以减少噪声对顾客的影响。同时，通过合理的座位布局和服务流线设计，也可以减少顾客之间的相互干扰和噪声传播。

（五）安全与无障碍设计

人体工程学原则在餐饮空间设计中的安全性和无障碍设计方面起着至关重要的作用。一个优秀的餐饮空间设计不仅需要满足人们的审美和功能需求，还必须确保顾客和员工在使用空间时的安全性，特别是对于残障人士或其他有特殊需求的人群来说，无障碍设计更是必不可少。

首先，防滑地面是餐饮空间设计中必须考虑的安全因素之一。由于餐饮空间通常会有水、油渍等液体存在，如果地面材料不防滑，很容易导致人们摔倒受伤。因此，选择防滑性能好的地面材料，如防滑瓷砖、防滑地毯等，可以有效降低滑倒的风险。

其次，稳定且易于操作的家具也是保障安全的重要方面。家具的稳定性不仅关乎顾客的使用安全，也影响着空间的整体美观和舒适度。例如，餐桌和椅子的底部应该加装防滑垫或防滑脚，以防止顾客在用餐过程中因家具滑动而摔倒。同时，家具的高度、宽度等尺寸也需要符合人体工程学原理，便于顾客轻松操作和使用。

最后，为残障人士提供的无障碍设施也是餐饮空间设计中不可忽视的一部分。这些设施包括无障碍通道、无障碍卫生间、低位服务台等，旨在方便残障人士的使用和通行。通过合理规划这些设施的位置和尺寸，可以确保残障人士在餐饮空间中的行动自由和安全。

二、环境心理学原则

环境心理学，作为探究人与环境交互作用的学科，不仅着眼于人们如何适应和改变环境，更致力于揭示环境对人类行为和内心世界的深远影响。通过精心设计和有效管理环境，旨在优化人们的生活品质和工作效率。

自20世纪60年代以来，环境心理学逐渐崭露头角。科学家们开始反思人类行为与周遭环境之间的微妙联系，推动该领域从跨学科的角度汲取心理学、社会学、地理学和建筑学的精髓。这一演变过程中的关键节点是1969年《环境与行为》杂志的创刊，它宣告了环境心理学的正式确立。而1978年斯托克斯所编的《环境心理学手册》则标志着该学科体系的成熟与完善。

环境心理学的研究范畴异常广泛，从环境对人类行为的塑造到对人类情感的触动，再到环境感知与认知的形成，以及环境设计与评估的准则等。其中，环境如何影响人类行为成为该学科的研究重心。研究方法多样化，涵盖观察、实验和调查等手段，共同揭示人与环境之间千丝万缕的联系。

随着环境问题的日益凸显，环境心理学在当代社会中的角色越发重要。特别是环境保护心理学的兴起，它聚焦于人类行为对自然环境和生态系统的潜在影响，并探索如何通过环保实践提升人类生活质量。这一分支的研究内容包括环境价值观的形成、环境态度的塑造以及环境行为的引导等，旨在促进人与自然的和谐共生。

在餐饮空间设计领域，环境心理学的应用显得尤为关键。设计师们必须确保空间布局与人的行为和认知习惯相契合。这要求他们细致观察并分析人们的行为模式、需求和习惯，进而将这些洞察转化为设计语言。例如，座位的安排、通道的宽窄以及服务区的设置等，都需以人的便捷性和交流性为出发点。

同时，环境心理学强调不同环境因素对人类心理和行为的差异化影响。照明、色彩和材质等细节都能影响人的情绪和感受。设计师需要敏锐捕捉这些要素，并巧妙运用它们来营造舒适宜人的用餐氛围。如温暖的色调搭配柔和的灯光能营造温馨感，激发食欲；而冷色调与明亮的照明则能带来清新和现代的气息。

此外，营造餐饮空间的安全感也是环境心理学所强调的。用餐时，人们渴望一个安全且私密的场所。因此，设计师需通过合理的空间规划和隔断设计来满足这一需求，为顾客和员工创造安心舒适的环境。例如，设置包间、屏风或绿化植物等有效划分空间，为顾客提供一定的私密空间。

环境心理学鼓励在餐饮空间设计中融入独特的氛围和体验。通过创新的设计手法和多元化的创意元素，打破传统束缚，打造令人难忘的空间感受。这种独特性不仅能提升空间的吸引力，还能让顾客在用餐过程中获得更加丰富和深刻的心理体验。

环境心理学在餐饮空间设计中的应用实现了从物理层面到心理层面的全面优化。通过深入洞察顾客的心理需求和行为模式，设计师能创造出既美观又舒适的用餐环境，显著提升顾客的整体用餐体验。同时，这种应用还提高了空间的使用效率、强化了品牌形象并促进了社交互动，为餐饮空间注入了更多的人文关怀和社会价值。

三、灵活性原则

餐饮空间设计的灵活性原则主要指的是空间规划和功能布局能够适应不同需求和变化的能力。这一原则强调了餐饮空间在设计和规划时，需要考虑到未来可能的变化、扩展或调整，使空间具有一定的可塑性和适应性。

（一）灵活性原则的内容

在灵活性原则的指导下，餐饮空间的设计应该遵循以下方面：

1. 功能区的灵活划分

餐饮空间通常包括用餐区、厨房区、服务区等多个功能区。这些功能区的划分应该具有一定的灵活性，能够根据实际需求进行调整和重组。例如，用餐区可以通过灵活的隔断设计，根据客流量的大小进行扩展或缩小。

2. 家具和设备的模块化设计

家具和设备是餐饮空间中重要的组成部分，它们的设计也应该遵循灵活性原则。采用模块化设计，可以方便地进行组合和拆卸，以适应不同的空间需求。同时，模块化设计也便于维护和更新，降低了运营成本。

3. 照明和色彩的灵活调节

照明和色彩是影响餐饮空间氛围和顾客心理的重要因素。设计时应考虑使用可调节的照明设备和色彩搭配，以适应不同场合和时间段的需求。例如，可以根据用餐时间、客流量等因素调整照明亮度和色温，营造出舒适的用餐环境。

4. 空间布局的可扩展性

餐饮空间在设计时应该考虑到未来的扩展需求，预留一定的空间或接口，方便未来进行扩建或改造。这样可以避免在业务增长时面临空间不足的问题，同时也能够保持空间的持续吸引力。

（二）遵循灵活性原则的意义

遵循餐饮空间灵活性原则的意义在于，使餐饮空间能够更好地适应各种变化和需求，实现长期、稳定和持续的发展。具体来说，遵循这一原则的意义包括以下几个方面：

1. 适应市场需求变化

餐饮市场竞争激烈，市场需求也在不断变化。遵循灵活性原则设计的餐饮空间，可以更加灵活地调整功能和布局，以适应市场需求的变化。例如，根据市场趋势和顾客需求的变化，可以调整餐饮空间的菜品种类、装修风格和服务方式等，以吸引更多的顾客。

2. 提高空间利用率

遵循灵活性原则设计的餐饮空间，可以更加合理地利用空间资源，提高空间利用率。通过灵活的隔断设计、模块化家具和设备等方式，可以根据实际需求调整空间大小和布局，避免空间的浪费和不合理使用。

3. 降低运营成本

遵循灵活性原则设计的餐饮空间，可以更加便捷地进行维护和更新，降低运营成本。模块化家具和设备的设计，可以方便地进行拆卸和更换，减少了维护和更新的难度和成本。同时，灵活的照明和色彩调节也能降低能源消耗、维护成本。

4.提升顾客体验

遵循灵活性原则设计的餐饮空间，可以更加舒适地满足顾客的需求和期望，提升顾客体验。通过灵活的功能划分和布局调整，可以创造出更加多样化、个性化的用餐环境，满足不同顾客的喜好和需求。同时，灵活的照明和色彩调节也能营造出更加舒适、宜人的用餐氛围。

四、安全性原则

餐饮空间设计的安全性原则主要指的是在设计过程中，必须确保顾客、员工以及整个空间的安全。这一原则涉及多个方面，包括物理安全、消防安全、食品安全等。

物理安全是指餐饮空间的设计应避免任何可能导致顾客或员工受伤的隐患。例如，地面材料的选择应避免湿滑或过于坚硬，以免顾客跌倒或碰撞受伤；家具和设备的边角应做圆润处理，避免锐利的边角造成伤害；同时，空间布局要合理，避免拥挤或混乱，确保顾客和员工能够自由、安全地移动。

消防安全也是餐饮空间设计中不可忽视的一部分。餐饮场所由于涉及明火和油烟等因素，火灾风险相对较高。因此，设计中必须考虑到消防设备的配置，如灭火器、消防栓、烟雾报警器等，并合理规划消防通道和出口，确保在紧急情况下能够迅速疏散和救援。

遵循餐饮空间设计安全性原则，能够确保顾客与员工的安全和健康，营造舒适安心的用餐环境。这不仅减少了潜在的事故风险，保护了人们的生命安全，而且增强了顾客和员工对餐饮企业的信任与满意度。通过消除安全隐患，企业可以建立稳健的品牌形象，为长期发展奠定坚实基础。安全性原则的实施，不仅提升了餐饮空间的整体品质，也为企业创造了持续增长的商业价值。

课后习题

1. 以餐饮空间的业务性质分类，餐饮空间可分为哪些？
2. 思考不同类型的餐饮空间业态，它们在空间布局、功能需求和装修风格上有哪些主要差异？
3. 讨论餐饮空间设计的通用原则有哪些？
4. 分析灵活性原则的内容与意义。

第三章

餐饮空间设计内容与方法

第一节　餐饮空间功能空间规划与流线设计

一、餐饮空间的功能空间规划

（一）餐饮空间的设计需求分析

随着社会经济的蓬勃发展和民众生活品质的显著提升，人们对于"食"的追求已经远远超越了单纯的食物品质。现如今，饮食环境的质量、功能布局的合理性、装饰风格的独特性以及氛围营造的舒适度等方面，都成了衡量餐饮体验优劣的重要标准。这种转变不仅推动了餐饮空间的复合化与功能多样化趋势，也对设计师提出了更高的要求。

在这样的时代背景下，设计师要想打造出既符合市场需求又具有独特魅力的餐饮空间，就必须深入洞察消费者的真实需求，将顾客体验作为设计的核心。同时，他们还需要充分考虑经营者和服务人员的实际需求，确保设计的人性化和实用性。只有这样，才能实现人与环境的和谐统一，让餐饮空间不仅成为美食的载体，更是成为人们享受生活、交流情感的温馨场所。使用者对餐饮空间的设计需求主要有以下两点：

1. 使用者对餐饮空间的使用功能需求

在餐饮空间设计中，满足使用者对空间的功能需求是至关重要的。这种需求与人在使用空间时的便捷性和舒适度紧密相连，属于人类基本的生理需求。餐厅的使用者主要包括顾客和服务人员，他们对空间功能的需求既存在共性，也有其独特性。

对于顾客而言，一个理想的餐饮空间应当保持整洁，拥有适宜的尺度和舒适的座椅。桌椅的摆放需要合理规划，以确保顾客在用餐过程中的舒适度。此外，配套公共设施的完善也是不可或缺的，特别是对于弱势群体，如残障人士、老年人和带婴儿的家庭。这些特殊客群在空间功能上有特殊需求，因此设计者需要有针对性地设置无障碍设施，如坡道、无障碍电梯、无障碍厕所、扶手以及哺乳育婴室等，以便为他们提供便捷的使用体验。

对于餐厅服务人员来说，餐饮空间不仅是他们的工作场所，更是他们展示专业技能和服务水平的重要平台。因此，在空间功能的需求上，他们更注重操作空间设计的合理性与安全性。例如，在后厨区域，物品存放空间和料理操作空间应布局紧凑且分区明确，备菜区和烹饪区的位置设置应合理高效。而在前厅部分，室内动线需要清晰流畅，以便服务人员能够迅速进行传菜等服务工作。此外，服务操作空间与就餐区的距离也应适中，以确保服务人员能够及时为顾客提供优质服务。

为了充分满足这两类主要使用人群的空间功能需求，设计者在进行餐饮空间设计时必须精心把握空间内的各项物理要素。他们需要运用人机工程学的基本原理来处理空间各要素之间的关系，确保空间配置的合理性。通过这样的设计，餐饮空间不仅能够满足顾客和服务人员的基本需求，还能为他们带来更加舒适和高效的用餐和工作体验。

2. 使用者对餐饮空间的心理及情感需求

餐饮空间设计与人的行为活动、心理活动紧密相连，满足基本使用功能只是设计的起点，而真正触达使用者，尤其是顾客深层次的心理需求，才是设计的核心追求。顾客的心理需求受其行为习惯、消费目的及消费心理的深刻影响。

举例来说，对于那些在工作间隙独自进餐的人来说，快速充饥是他们的主要消费目的。因此，他们更倾向于选择出餐迅速、环境洁净舒适的快餐厅。而当三五好友相聚时，聚会交流成为主导的消费目的。年轻人群体可能会偏好那些既提供交流空间又富有趣味性和特色的餐饮环境。在商务宴会的场合，消费目的更侧重于商务洽谈，因此对餐饮空间的要求会偏向于环境的安静、舒适以及整体档次。对于情侣而言，情感交流是就餐过程中的主要消费需求，因此他们通常更倾向于选择空间私密、氛围浪漫的餐厅。

综上所述，设计者在着手餐饮空间设计时，必须深入分析使用者的环境认知和体验，从使用者的角度出发来组织和装饰空间。通过这样的设计思路，餐饮空间才能更精准地契合使用者的心理需求，为他们创造出既实用又富有情感共鸣的用餐环境。

（二）餐饮空间的空间布局

餐饮空间不仅仅是一个简单的消费场所，它同时承载着多种功能：对于顾客，它是享受美食和社交互动的空间；对于服务人员，它是他们展现专业服务的重要舞台；对于经营者，它则是实现商业价值的关键所在。因此，如何巧妙地将这些不同的功能需求融合在一起，对餐饮空间进行创新和优化，既关系到空间的有效利用，也关系到整体环境氛围的营造。

在进行餐饮空间设计时，设计者的首要任务是进行合理的空间划分和功能布局。这一步骤需要考虑诸多因素，包括餐饮空间本身的结构特点、顾客群体的使用习惯和需求、服务流程的高效性，以及经营者的品牌定位和商业目标等。设计者需要运用专业的分析能力和综合判断，确保每个功能区域都能得到合理的面积分配和位置安排。这一过程远非简单的感性创作，而是以深入的个性分析和精确的数据支持为基础的理性决策过程。它要求设计者不仅具备扎实的专业知识，还要有丰富的实践经验和敏锐的市场洞察力。

通常，一个成功的餐饮空间设计会经历以下几个关键步骤：从市场调研和用户需求分析开始，确定空间设计的整体定位和风格方向；接着进行详细的空间规划和功能布局，确保各个区域既相互独立又相互协调；然后是具体的设计实施和装饰选材，以营造出符合品牌调性和用户期望的用餐环境；最后是持续的反馈和优化，根据实际运营情况和用户反馈对设计进行不断调整和完善。

1. 功能分析

从空间性质的角度来看，餐饮空间是一个由多个功能区域组成的经营性场所。虽然大多数餐饮空间都包含服务工作空间、就餐空间、烹饪空间和公共空间这四大类功能区域，但具体的功能空间和每个空间的大小却因其经营内容、经营性质和方式的不同而有所差异。

因此，设计者在进行餐饮空间的整体布局时，必须首先明确前期的目标客群定位和餐厅的经营定位。基于这些定位，设计者需要分别列出顾客和服务人员的使用需求，并在需求交叉的地方进行归纳和合并。这样，就能得出该餐饮空间所应包含的实际功能，并据此推导出相应的功能空间。

功能分析是确保空间设置合理性的关键。只有通过深入的功能分析，设计者才能确保每个功能区域都被合理地规划和利用，从而满足顾客和服务人员的各种需求。这样的餐饮空间设计不仅能提升顾客的就餐体验，还能提高服务效率，为餐厅的经营者创造更大的商业价值。

2. 面积配比

面积配比在空间设计中扮演着至关重要的角色，它不仅是优化资源配置的关键，更是提升空间利用效率的核心所在。当设计者明确了餐饮空间所需配置的功能区域后，接下来的重要步骤就是进行合理的面积配比。

在进行面积配比时，设计者需要综合考虑多个因素。首先，整体空间的尺度是一个基本出发点，它决定了各个功能区域可能占用的最大面积。其次，每个单一功能空间对经营的影响也是不可忽视的，比如一些核心功能区域可能需要更多的空间以保证其正常运作。此外，功能空间的重要程度和使用频率也是决定面积大小的重要因素。那些经常被使用或对顾客体验至关重要的功能区域，理应得到更多的空间资源。最后，单一功能空间的空间承载量也是一个需要考虑的因素，它关系到该区域能否在高峰时段有效应对客流压力。

为了更直观地表达各功能空间的面积关系，设计者通常会绘制气泡图。在这个图中，每个功能空间都被表示为一个气泡，气泡的大小则代表了该功能空间所占的面积比例。通过这种方式，设计者可以清晰地看到各个功能区域之间的面积对比，从而确保整体的空间布局既合理又高效。

3. 区域位置划分

在进行餐饮空间设计时，区域位置的划分是至关重要的一步。这通常遵循一些基本原则，以确保空间布局既合理又高效。首先，就餐空间通常被置于前部，这是顾客进入餐厅后首先接触到的区域。烹饪操作空间则通常位于后部，与服务空间和公共空间相对分离，以确保食品安全和烹饪流程的顺畅。服务空间和公共空间如洗手间、等候区等则穿插安置在这两者之间，起到连接和过渡的作用。

这种前后区域的划分并不是绝对的，而是以餐厅的主要入口为基准进行界定的。它体现了一种相对的主次关系，使得空间布局既有层次感又易于导航。就餐空间作为顾客的主要活动区域，通常占据餐厅的中心位置，保持空间的连贯性和较大的占地面积。同时，它还需要与其他功能空间保持良好的连接性，以便于顾客和服务人员的流动。

对服务空间和公共空间的划分则需要根据具体情况而定。这些空间多安排在餐厅的角落位置，以最大限度地利用空间资源。服务空间的位置划分对餐饮空间使用的便利性有着重大影响，因此需要仔细考虑其布局和流线设计。通过合理的区域划分和布局设计，餐饮空间可以更好地满足顾客的需求，提升整体的就餐体验。

4. 动线设计及功能区调整

在进行餐饮空间设计时，动线设计是非常关键的一步。它涉及如何合理地连接各个功能空间，确保服务人员与顾客的流动顺畅、高效。动线设计的目标是实现服务人员与顾客的分流，同时优化功能空间之间的转换衔接，提升整体的服务效率。

在设计动线时，需要充分考虑各个功能空间的位置关系和使用频率。通过合理的布局和流线设计，可以确保顾客能够便捷地到达就餐区域，同时服务人员也能够高效地完成各项工作。在动线设计的初步完成后，设计者可以在不破坏整体空间格局和秩序的前提下，根据实际的动线排布情况对功能空间的位置和大小进行微调。这样的调整是为了进一步优化空间布局，提升餐饮空间的使用效率和顾客体验。通过不断的调整和完善，最终可以形成一个既合理又高效的餐饮空间布局方案。这样的设计方案不仅能够满足顾客的需求，提升他们的就餐体验，同时也能够提高餐厅的运营效率和服务质量。

（三）餐饮空间的分区设计

在餐饮空间设计中，完成整体布局后，需对每个功能空间进行分区设计，以塑造和谐统一且具特色的空间环境。设计者应确保各空间满足功能需求，同时运用创意和个性元素，营造统一而富有变化的空间氛围，并关注空间之间的衔接与过渡，以提升整体品质和顾客体验。

1. 就餐区

在餐饮空间设计中，就餐区作为核心功能区，其布局设计尤为关键。为了确保就餐区的舒适性和实用性，设计者在进行整体空间设计时需要考虑多个因素，其中动静空间的划分、空间虚实关系的把握以及空间的开敞性与私密性的平衡是重点。

首先，动静空间的划分是就餐区布局的基础。设计者需要合理划分出动区和静区，以满足不同顾客的需求。动区通常靠近入口或活动区域，适合设置座位供等待或短暂休息的顾客使用；而静区则相对远离嘈杂区域或提供更为安静、私密的用餐环境。

其次，空间虚实关系的把握对于营造就餐区的层次感和立体感至关重要。设计者可以通过运用不同高度、材质和透明度的隔断或墙体等元素，来划分出既有分隔又不闭塞的空间效果。同时，借助照明、色彩等手法也能有效塑造空间的虚实感。

在整体空间设计中，设计者还需特别关注空间的开敞性与私密性的平衡。开敞性空间能够营造通透、宽敞的用餐环境，促进顾客之间的交流和互动；而私密性空间则能为顾客提供相对独立、私密的用餐氛围，满足其对于隐私的需求。为了实现这一平衡，设计者可以灵活运用座椅摆放、墙体和隔断的设置等方式来调整空间的开敞性和私密性。具体表现如下：

（1）散座。

在餐饮空间设计中，散座的布置是满足大多数普通散客用餐需求的关键。散座通常位于就餐区的中心位置，以便为顾客提供便捷、舒适的就餐环境。在布置散座时，设计者需要综合考虑多个因素，包括用餐单元的尺度对比、桌椅的摆放形式、间距的区分以及不同类型餐饮空间的特点等（图3-1、图3-2）。

图3-1 散座（1）　　　　　　　　　图3-2 散座（2）

首先，用餐单元的尺度对比是散座布置的重要考虑因素之一。设计者需要根据餐厅的整体风格和空间大小，合理选择不同尺寸的餐桌和座椅，以确保顾客在用餐时既不会感到拥挤，也不会觉得过于空旷。同时，通过调整桌椅的摆放形式和间距，设计者可以巧妙地划分出不同的活动空间和动线，使顾客在用餐过程中能够保持舒适的距离和便捷的流动。

其次，不同类型的餐饮空间对散座的形式有着不同的要求。例如，在中餐厅里，圆桌是常见的餐桌形式，因为它能够容纳更多的顾客并营造团圆、和谐的用餐氛围。而在甜品店、咖啡厅等小型餐饮空间中，两人座、四人座等小型就餐单元则更为常见，因为它们更适合朋友或家庭的亲密聚会。在西餐厅中，为了强调空间的私密性，设计者通常会采用相互独立但又具有一定联系的单个就餐单元布局。对于韩式烧烤餐厅和日式铁板烧餐厅等特色餐饮空间，设计者还需要考虑配套设置烟道和烹饪台等设施，以满足特定的烹饪和排烟需求。

最后，设计者在布置散座时还需要结合餐饮空间的特性和整体空间进行合理布局。这包括考虑餐厅的入口位置、服务流线、通风采光等因素，以确保散座的布置既符合功能需求又具有良好的空间感和视觉效果。通过精心设计和合理布局，散座区域能够成为餐饮空间中的亮点和吸引顾客的重要因素。

（2）卡座。

在餐厅设计中，公共就餐区如大厅等通常不适宜设置为完全私密的空间，因为这样会破坏空间的完整性，降低其利用效率。然而，在某些主题餐厅或西餐厅中，顾客除了基本的用餐需求外，还期望空间具有一定的专属性和私密性，以便为他们提供具有安全感的交流场所。

为了满足这种需求，设计者常常会运用家具、视线穿透性较好的隔断或地面抬升等方法，对视线进行一定阻隔，以强调空间的划分。这样，在大厅中就能形成相对独立或呈部分围合状的小型就餐区域，即卡座。卡座有时也被称为情侣座或雅座，它能为顾客提供一个更加私密、舒适的用餐环境。

卡座区设计的开放程度决定了卡座区的私密程度，如图3-3 ~图3-5所示。

图 3-3 卡座（1）

图 3-4 卡座（2）

图 3-5 卡座（3）

（3）包间。

包间，或称包房，是餐饮空间中一种重要的私密用餐区域。它通过墙体或其他硬质隔断与餐厅其他区域完全隔开，为顾客提供一个独立、私密的用餐环境。包间的大小可以根据载客量进行灵活界定，以满足不同顾客群体的需求。

在设计包间时，保证私密性是首要考虑的因素。因此，设计者需要选择隔音效果良好的材料进行间隔和墙面装饰，以最大程度地减少包间之间的相互干扰。这样，顾客在包间内用餐时就能享受到更加安静、舒适的环境，如图 3-6 ~ 图 3-9 所示。

图 3-6　包间（1）

图 3-7　包间（2）

图 3-8　包间（3）

图 3-9　包间（4）

除了用餐功能外，包间内部环境的设计还需要考虑其他配套设施的设置。例如，可以设置衣帽放置功能区域，方便顾客存放衣物和随身物品；备餐间的设置则可以提高服务效率，确保顾客在用餐过程中得到及时、周到的服务；独立洗手间的配置则进一步提升了包间的舒适性和便利性。在包间的装饰上，设计者可以根据餐厅的整体风格和氛围来进行统一或变化的设计。一方面，可以采取统一的装饰风格，使整个餐厅的空间感更加和谐统一；另一方面，也可以将每个独立包间作为一个设计单元，设置不同的主题并根据主题进行装饰。这样既能形成一套风格相近的包间系列，又能使每个包间都独具特色，为顾客带来更加丰富多样的用餐体验。

就餐空间是通过不同形式的变化与组合精心构成的，这样的设计方式带来了两个显著特点。首先，它增强了空间的层次感和灵动性，通过丰富多样的空间类型，更好地满足了顾客多样化的使用需求。其次，这种疏密有致、大小不一的空间组合形式，有效地将有限的空间进行了最大化利用。在就餐区与其他功能区的关系上，紧密的连接和合理的布局是关键。就餐区与烹饪操作区在空间上应紧密相连，确保动线流畅、路径简短，以促进信息传递，缩短上菜时间，提高服务效率。同时，就餐区与服务操作区的设置也至关重要。收银台应邻近就餐区并位于顾客视线范围内，便于顾客结账和咨询。而服务操作区则应穿插在用餐区内，使服务人员能够迅速响应各方位顾客的需求。此外，就餐区与公共区域的联系也不容忽视。虽然它们无须完全相邻，但应确保标识清晰、指示明确，便于顾客在用餐之余满足其他需求，如休息、交流等。这样的设计有助于提升顾客的整体消费体验，使他们在享受美食的同时，也能感受到舒适与便捷。

2. 烹饪操作区

烹饪操作区，即后厨，集验收、储藏、备料、烹饪于一体，其布局设计直接影响工作效率。好的设计需在工作者、操作空间及整体环境间找平衡，以安全、便利、高效为目标。烹饪操作区通常占餐饮空间的1/3，但会根据餐厅规模、性质、档次和服务理念调整。设计时应系统分析、全面考量，确保空间布局合理、动线清晰、设备人性化，从而提高后厨工作效率。

烹饪操作区从大体上可分为以下几个部分：

（1）验收区。

验收区在餐饮空间中扮演着对采购食材进行初步把关的重要角色。它通常占地不大，但位置关键，紧邻卸货区和储藏区，以确保食材从进货到存储的顺畅流程。设计上，验收区应保持高标准的整洁和明亮，通常采用白炽灯照明，其柔和而自然的光线有助于工作人员更准确地检查食材的新鲜度和质量。

地面装饰方面，选择平整光滑的材质是首选。这种材质不仅易于清洁，能迅速清除污渍和残留物，保持验收区的卫生状况；同时，它还能让拖车在运输货物时更为顺畅，减少摩擦和阻力。然而，考虑到厨房环境的特殊性，尤其是油和水等液体的存在，验收区的地面在施工中必须进行严格的防水和防滑处理。这样的设计细节不仅能防止液体渗透导致的安全问题，还能确保服务人员在忙碌的工作中行走稳健，减少意外滑倒的风险，从而为他们提供一个安全、舒适的工作环境。

（2）食物储藏区。

食物储藏区是确保食材新鲜、安全的关键环节。其面积大小须根据餐厅规模和顾客流量来合理规划，同时其位置应与验货区紧密相连，而与加工区保持适当距离以方便管理。

食物储藏区通常分为常规储藏区和冷冻、冷藏区两大部分。常规储藏区主要用于存放不易变质的食材，如蔬菜、罐头、调味品和干货等。这一区域应配置高度适中、间隔合理的货架，并使用干燥密封容器来保存易受潮的食材。同时，为确保食材的质量和延长保存期限，该区域还须做好通风和防潮处理。

而冷冻、冷藏区则是用于存放需要恒温保存的食材，如酒品、饮料、调料、肉类和海鲜等。这一区域应与常规储藏区分开设置，以确保温度的精确控制。在选择冷冻、冷藏设备时，须充分考虑空间大小、餐厅的备货习惯和经营状况，同时设备的放置位置和开启方式也应符合厨师的工作习惯，以提高工作效率。

（3）加工区。

加工区在餐饮空间中扮演着食材烹饪前准备的重要角色，涵盖了洗菜、切菜、配菜等多项功能。在设计加工区时，设计者应首要考虑空间尺度的安全性和合理性，确保工作人员在舒适、安全的环境中高效工作。同时，配备齐全且适用的加工设备也是不可或缺的，这些设备将为烹饪的前期工作提供必要的支持和便利。

从空间布局的角度来看，加工区与烹饪区应紧密相连，二者之间应设有完整、流畅的通道。这样的设计有助于形成一个高效、有序的生产体系，确保食材从加工到烹饪的顺畅流转。如果二者之间的通道设置不当或被打乱，将会破坏生产秩序，降低出餐速度，进而影响到顾客的满意度。这不仅会损害餐厅的声誉，还可能对餐厅的利润造成负面影响。

因此，在餐饮空间的设计中，加工区的布局和设备配置应受到足够的重视。通过合理的设计，可以优化生产流程，提高工作效率，从而为顾客提供更加优质、高效的餐饮服务。

（4）烹饪区。

烹饪区是餐饮空间中的核心区域，负责对已经加工好的食材进行最终的烹调制作。在设计烹饪区时，配置适当的烹调设备至关重要，如炒锅、烤箱、蒸锅等，这些设备的放置位置应结合使用频率和厨师的使用习惯来精心规划，以提高操作效率和工作舒适度。

除了烹调设备外，烹饪区还应设置相应的排烟设备（冷餐和西点制作区域可能不需要）。排烟设备的设置有多重好处：首先，它有助于保持厨房的整洁和卫生，通过及时排放油烟，避免油烟在厨房内积聚，从而减少油渍和异味的产生；其次，排烟设备能够改善厨师的工作环境，减少油烟对厨师的身体健康和呼吸系统的影响，提高他们的工作效率和舒适度；最后，合理的排烟设计还有助于维护厨房的整体环境和设备的使用寿命，减少油烟对厨房设备和装修材料的腐蚀和损害。

3. 服务操作区

服务操作区，是指服务人员进行服务准备、对顾客诉求进行相应处理的区域，本书中主要指不包含后厨在内的所有服务操作空间。在空间布局中，服务操作区应与餐饮空间相临近或者在餐饮空间内穿插设置，常见的服务操作区有如下几种。

（1）收银台。

收银台（图3-10、图3-11）不仅是顾客结账的场所，往往还兼顾提供咨询服务的功能。尽管收银区通常占地面积不大，但它的位置设置却十分关键。为了便于顾客找到，收银台多独立于就餐区之外，且设置在餐厅内显眼的位置，或者在就餐区内通过明确的标识指引顾客前往。

在设计上，收银台多采用内外两层的结构，内低外高。这样的设计既满足了服务员坐着收银和顾客站立付款的不同尺度需求，又确保了收银空间内部的私密性，有助于保护餐厅的财务安全。

图3-10　收银台（1）　　　　　　图3-11　收银台（2）

此外，收银台作为一个几乎所有顾客都会到达甚至短暂停留的区域，具有极高的可见度和宣传潜力。因此，将餐厅的视觉形象或品牌标识与收银台相结合进行设计，是一个巧妙而有效的策略。这种结合可以利用这个"必然会被看到"的空间，加深顾客对餐厅品牌的印象，从而达到进一步宣传和推广的效果。

（2）备餐台或备餐间。

备餐台或备餐间（图3-12、图3-13）是服务人员为顾客提供服务的核心准备区域。从空间布局的角度来看，备餐台或备餐间扮演着烹饪操作区与就餐区之间的桥梁角色，起到了中转站的重要作用。

在散座这类用餐空间里，备餐台的布置显得尤为关键。为了提升服务效率，备餐台的位置应与服务流线紧密结合，整体呈现出平行的趋势。这样的布局可以有效减少服务人员的绕行距离，使他们能够更迅速、更便捷地为顾客提供服务。

图 3-12 备餐台（1）

图 3-13 备餐台（2）

而在包间这类用餐空间里，备餐间则成了一种常见的空间形式。它通常依附于包间设置，作为一个小型独立的服务空间而存在。在设计备餐间时，双向开门的空间进入方式被广泛应用。这种方式使备餐间一面连接过道，另一面连接包间，既保持了与包间的紧密联系，又能作为一个独立的空间存在。这种设计不仅方便了服务人员为顾客提供服务，还有效避免了在传菜等工作时不断进出包间而打扰到顾客的用餐和谈话。

（3）酒水区。

酒水区（图 3-14 ~ 图 3-16）在餐饮空间中扮演着为顾客提供酒水服务的重要角色。在一般的综合性餐饮空间，尤其是中小型餐饮空间中，为了有效利用空间，酒水区常与收银台结合设置，既方便顾客点餐结账，又能快速提供酒水服务。

然而，在酒吧这类特殊的餐饮空间里，酒水区则具有举足轻重的地位。它通常由吧柜、饮品制作区、吧台、吧椅等元素共同构成，占据餐饮空间中较为显眼的位置，并且占地面积较大。这种设置不仅使酒水区成为服务操作的核心空间，更赋予了它进餐、交流、展示等多重功能。

图 3-14 酒水区（1）　图 3-15 酒水区（2）　图 3-16 酒水区（3）

在这类空间中，灯光设置和氛围渲染成为设计的关键。通过巧妙的灯光布局和氛围营造，酒水区能够吸引顾客的注意，提升他们的用餐体验，同时也为餐厅增添了独特的魅力和个性。因此，在设计酒吧等特殊餐饮空间的酒水区时，需要充分考虑灯光、氛围与空间布局的和谐统一，以打造出独具特色的餐饮环境。

4. 公共区域

公共区域与其他三类功能区的最大区别就在于它是顾客与服务人员的公用区域，具有双重属性，也正是因为这样，要求设计者在设计时能不断转化视角兼顾两类主体人群的需求，设置空间尺度合理、功能完善、流线顺畅的公共空间。

（1）候餐区。

候餐区在餐厅设计中占据着不可忽视的地位，尤其对于那些生意火爆、餐桌轮转率高的餐厅来说。在高峰时段，顾客往往需要等待座位，而一个合理设计的候餐区不仅能有效缓解门口的人流拥挤和嘈杂，还能提升顾客对餐厅的满意度和品牌形象。

候餐区的位置选择至关重要。将其设置在餐厅入口前厅处是一个明智的选择，因为这样可以方便地划分出一块独立的区域，供候餐者等待。同时，在入口交界处设置软质隔断，如屏风、植物或装饰物，可以形成一个相对独立的空间，减少候餐区对餐厅内其他区域的影响，确保餐厅内部的用餐环境不受干扰。

除了位置的选择，候餐区的环境营造也是关键。设计者应该考虑提供舒适的座位、柔和的灯光以及可能的娱乐设施，如电视、音乐或杂志，以缓解顾客的等待焦虑，并为他们创造愉快的消费体验。这样的设计不仅能让等待变得不再枯燥，还能在顾客心中留下良好的印象，增加他们再次光顾的可能性。

（2）入口区。

入口区（图3-17～图3-19）一般是顾客最先接触的区域。尽管它所占的面积相对较小，却承载着展现整个餐饮空间整体形象和氛围的重要使命。作为外部环境与餐饮空间之间的过渡地带，入口区的设计需细致考虑内外空间的衔接关系，确保顾客在进入餐厅的瞬间即能感受到温馨舒适的氛围。

在设计入口区时，光、温、声等综合信息的控制尤为关键。适宜的照明设计不仅能引导顾客的视线，突出餐厅的特色元素，还能营造温馨、舒适的用餐前奏。温度的调节同样重要，一个适宜的温度环境能让顾客在寒冷的冬日或炎热的夏季都能感受到餐厅的贴心关怀。此外，声音的控制也不容忽视，优雅的背景音乐或轻柔的自然声音能有效隔绝外界的嘈杂，为顾客营造宁静、放松的用餐前体验。

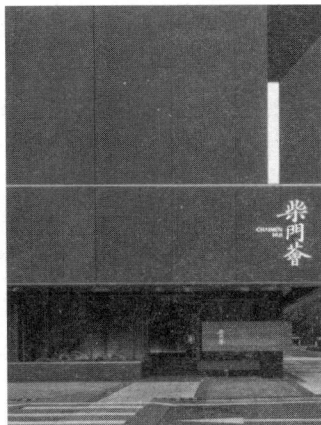

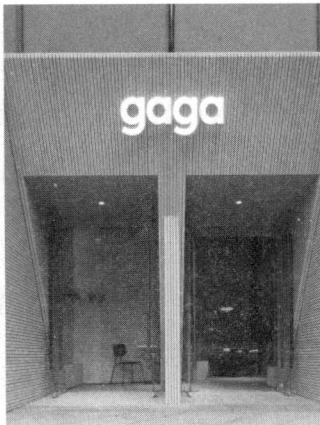

图 3-17 入口区（1） 图 3-18 入口区（2） 图 3-19 入口区（3）

除了基础的环境营造，入口区的设计还应注重空间内涵和意境的传达。通过巧妙的布局、独特的装饰元素以及与文化主题的融合，入口区能够成为餐厅品牌形象的有力展示窗口。当顾客踏入这个充满设计感的空间时，他们不仅能感受到餐厅的热情好客，还能对餐厅的独特风格和品位留下深刻印象。

（3）通道区。

通道区（图 3-20 ~ 图 3-22）不仅是连接各个功能区的桥梁，更是整个空间动线的外在表现。作为各个空间之间的衔接与过渡，通道区的设计直接影响着顾客在餐厅内的流动体验和整体空间感受。

图 3-20 通道区（1） 图 3-21 通道区（2） 图 3-22 通道区（3）

在设计通道区时，首先，需要紧密结合前期整体设计中的动线规划。动线设计是餐饮空间布局的基础，它决定了顾客和服务人员在空间中的移动路径。通道区的设计应当顺应这些动线，确保顾客的流动顺畅无阻，同时也要考虑服务人员的工作效率。

其次，通道区的设计还需依据其功能、使用频率以及重要程度来进行具体规划。例如，连接主要用餐区和厨房的通道可能需要更宽敞的空间以容纳传菜车和服务人员的快速移动；而通向洗手间或次要用餐区的通道则可能相对狭窄一些。此外，对于使用频率较高的通道，还需要考虑地面的耐磨性、防滑性以及清洁维护的便利性。

最后，人机工程学的尺度要求也是通道区设计中不可忽视的因素。这包括通道的宽度、高度、照明、标识等方面，都需要根据人的行为习惯和人体工程学原理进行合理设计。例如，通道的宽度应至少满足两人并排行走的需求，同时也要考虑到轮椅用户和无障碍通行的需求。

（4）洗手间。

洗手间（图 3-23、图 3-24）在餐饮空间设计中占据着不可或缺的地位，它不仅是满足顾客基本需求的必要设施，更是体现餐厅整体品质和服务水平的重要环节。随着消费者需求的不断提升，洗手间的设计已不再是简单的功能性布置，而是需要兼顾舒适性、美观性和文化氛围的综合性考量。

图 3-23　洗手间（1）　　　　　　图 3-24　洗手间（2）

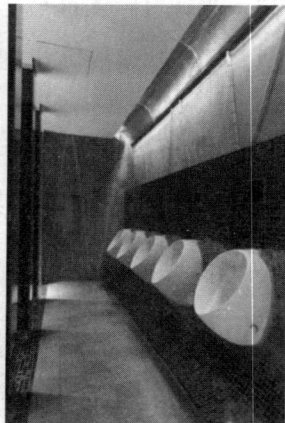

首先，洗手间的基本设施配置必须齐全，包括便池、马桶、洗手台、镜子和干手器等。这些设备的选择应注重质量和品牌，确保使用过程中的舒适性和耐用性。同时，通风设备的设置也至关重要，以避免因通风不畅导致的异味问题，确保洗手间内的空气清新。其次，洗手间的设计要与餐厅整体氛围相协调。在色彩选择上，可以采用与餐厅主色调相呼应的色彩，以营造统一的空间感。灯光设计方面，应选用柔和且充足的光源，既满足照明需求，又营造温馨舒适的环境。最后，细节装饰也是提升洗手间品质的关键，如精美的挂画、别致的陈设物等，都能为空间增添一份独特的魅力。在材料选择上，墙面材料应选用孔隙率低、易于清洁的材质，以方便日常维护和保持卫生。地面材料则应优先考虑防滑性能，确保顾客在使用过程中的安全。同时，材料的质感和色彩应与餐厅整体设计风格相契合，以打造和谐统一的空间效果。

尽管洗手间在餐饮空间中不属于主体空间，但其设计的重要性不容忽视。一个精心设计的洗手间不仅能提升餐厅的整体品质，还能为顾客带来愉悦的使用体验。因此，设计者在设计洗手间时，务必从功能出发，全面考虑每一个细节，力求创造出既实用又美观的洗手间空间。

二、餐饮空间的流线设计

（一）餐饮空间内流线的形成及作用

流线在建筑设计中描述了人或物体在建筑空间中的移动轨迹。随着建筑内部空间功能的不断复杂化和使用人群的多样化，流线设计成了高效利用空间、满足不同人群需求的关键。流线设计的基本要求是保证各类人群和物品的流动顺畅、便捷，同时避免不同流线之间的相互干扰。通过合理的流线设计，可以实现对空间的优化利用，减少浪费。在室内设计中，流线不仅承担着各功能区之间的衔接作用，还用于统筹和协调各类人群的走动、货品的运输、储藏、使用以及信息传递等。

为了实现人、物不混流，信息传达清晰、准确的目标，设计者在进行流线设计时需要考虑多个因素。首先，要对不同人群的需求进行深入了解和分析，以便为他们规划出最合适的流动路线。其次，要充分考虑货品的运输、储藏和使用流程，确保这些过程能够高效、顺畅地进行。最后，还需要关注信息传递的流线设计，确保信息能够在建筑内部快速、准确地传递。

在实际应用中，流线设计可以运用在多个方面。例如，在餐厅设计中，可以通过合理的流线设计来优化顾客的点餐、取餐和就餐流程，提高服务效率。在办公空间设计中，流线设计可以帮助员工更高效地移动和协作，提高工作效率。在医院设计中，流线设计对于患者、医护人员和物品的流动至关重要，它关系到医疗服务的质量和效率。

（二）餐饮空间内流线的分类

在餐饮空间中，流线主要用于统筹空间以及协调人、物品、信息三者之间关系。下面针对以上三大系统中的各条流线进行分类。

1. 人行系统中的流线

（1）顾客流线。

顾客流线在餐厅设计中具有核心重要性，它关乎顾客在餐厅内的整体用餐体验。这条流线不仅仅是顾客行走的路径，更关乎他们与服务、环境互动的连贯体验。因此，设计者在规划顾客流线时，必须细致考虑每一个环节，确保顾客的用餐过程既顺畅又愉快。

首先，主、次通道的划分是基础。设计者需要根据餐厅的人流情况、使用频率等因素，结合人机工程学的相关数据，科学合理地划分主、次通道。例如，候餐区与进餐区之间的通道应保持顺畅，同时又要有所间隔，以避免两个区域的相互干扰。大厅内的通道设置也应巧妙，最好设在卡座与散座的边缘交界处，这样既能有效分离空间，又能最大化地利用空间，兼顾散座和卡座的顾客需求。

其次，进入就餐区时，流线的设置应有所区分。通往大厅和包间的流线最好分开设置，这样既可以分流顾客，避免人流量过大导致的环境嘈杂，又可以简化顾客的步行路径，为他们提供方便。这种设计思路体现了对顾客需求的深度理解和人文关怀。

最后，顾客结账后的离开路径也需精心规划。应尽量避免顾客原路返回形成的路径迂回，或与其他客流形成交叉及相互干扰。专门的离开路径不仅能提升顾客的离店效率，还能在一定程度上增强他们的满意度和整体用餐体验。

（2）服务流线。

服务流线在餐饮空间设计中直接关系到餐厅的运营效率和顾客的就餐体验。服务流线主要是指服务人员为顾客提供餐饮服务的行为轨迹，涉及前厅和后厨两个主要区域，其中前厅的服务流线尤为关键。

首先，从空间关系来看，前厅与后厨的服务流线应保持独立，但二者之间的连接又必须顺畅。这种设计可以确保服务人员在为顾客提供服务时能够高效地在不同区域之间移动，减少不必要的交叉和干扰。

在前厅中，服务人员需要为顾客提供一系列的服务，包括引导就餐、点餐、上菜、更换餐具、引导顾客结账以及对餐桌进行清理等。因此，在设计前厅服务流线时，需要考虑如何将这些服务环节有机地串联起来，形成一个高效、流畅的服务流程。例如，引导就餐的流线可以与顾客流线基本重合，这样可以方便服务人员及时引导顾客到合适的座位就座。而顾客就座之后的服务流线设计，则应注重就餐区与服务空间及烹饪操作区之间的贯穿衔接。具体来说，就餐区与备餐区之间应尽可能地缩短步行距离，以便服务人员能在最短的时间里将菜品送达顾客桌前或传递相应信息。同时，餐中的传菜流线最好与顾客流线分开设置，避免二者相互干扰，确保餐厅内的秩序和效率。此外，就餐区与服务台之间也应具有较便利的通道连接。这样服务人员可以及时了解顾客的需求和反馈，迅速响应并解决问题，从而提高服务效率和顾客满意度。

（3）消防疏散流线。

消防疏散流线在餐饮空间设计中直接关系到紧急情况下人员的生命安全。这条流线虽然在日常生活中并不常用，但在火灾或其他意外事故发生时，却是保障空间内人员安全疏散的关键。

设计者在规划消防疏散流线时，应首先确保流线的畅通无阻，避免对原有空间的过度分割，以减少空间浪费。同时，餐厅内部的疏散流线应与外部的逃生通道保持直接、顺畅的连接，确保在紧急情况下，人员能够迅速、有序地撤离到安全区域。此外，在疏散流线的关键节点，如转折处、岔路口等，应设置醒目的标识，以便人员在紧张、混乱的环境中快速识别正确的逃生方向，从而提高疏散效率，减少人员伤亡。

2. 物品运输系统中的流线

（1）货物流线。

货物流线在餐厅设计中占据着举足轻重的地位，它关乎着菜品、原物料、餐具等物品在餐厅内部的顺畅流动，是确保餐厅高效运营的关键。这条流线主要集中在后厨区域，涉及验收、储藏、加工以及烹饪等多个功能空间。

设计者在规划货物流线时，首要考虑的是将货物入口与人行入口分开，以确保人流与物流的互不干扰，提高整体运营效率。同时，验收、储藏、加工三大区域之间的路径设计也至关重要，要力求便捷、流畅，并尽可能地保证路线最短。这样的设计可以减少不必要的搬运距离和时间，提高工作效率。

此外，对于不同类型的食物，如主食、菜品、副食等，其操作流线也应分开设置。这种分流设计能够避免不同食物在处理过程中的相互干扰，保证食物的卫生和质量，同时也有助于提升后厨的工作效率。

（2）垃圾流线。

垃圾流线关乎餐饮环境的整洁与卫生。垃圾流线主要涉及餐饮空间内产生的垃圾向外运输的轨迹，包括前厅和后厨两部分。

前厅的垃圾主要来源于客人就餐后产生的废弃物，如餐巾纸、食物残渣等。后厨的垃圾则主要包括原料挑选、加工过程中产生的废弃物，如食材边角料、包装材料等。为了确保餐饮空间的清洁与卫生，垃圾流线的设计应尽可能顺畅、统一，以便将垃圾迅速、高效地运往指定的垃圾存放处，并最终送往垃圾站进行处理。

在设计垃圾流线时，设计者需要注意以下几点：

一是，前厅的垃圾流线应与人行流线、菜品流线相分离，以避免交叉污染和阻碍客人就餐。后厨的垃圾流线也应与菜品烹饪操作的工作流线相分离，以确保食品安全和卫生。

二是，餐厅的临时垃圾存放处应靠近垃圾出口，以便垃圾能够及时、方便地运出。同时，垃圾存放处应远离原料供应及食材存放的地方，以防止交叉污染。

三是，垃圾流线的设计还应注意空间的通风和清洁。垃圾存放处应保持良好的通风，以减少异味和细菌滋生。此外，定期清洁和维护垃圾存放处也是必不可少的，以确保餐饮空间的整体卫生状况。

3. 信息传递系统中的流线

信息流线是餐厅内部各种信息流通与传递的路线，涵盖了前厅与后厨、顾客与服务人员之间的信息传递。这些信息的传递速度和准确性对餐厅的工作效率和服务质量有着直接且深远的影响。

在现代餐饮空间中，信息传递不再仅仅依赖于传统的口口相传或手写便条等方式，而是更多地借助服务流线和现代化通信设备来实现。服务流线作为信息流线的重要组成部分，通过服务人员的流动和沟通，将顾客的需求、订单等信息快速准确地传递到后厨或其他相关部门。同时，现代化通信设备如计算机信息系统、对讲机等也为信息的传递提供了便捷、高效的手段。计算机信息系统可以实现餐厅内部各部门之间的实时数据共享和沟通，方便管理人员对餐厅的运营情况进行全面把控。而对讲机等通信设备则可以让服务人员之间随时保持联系，及时协调处理各种突发情况，确保餐厅的顺畅运营。

（三）餐饮空间内部流线的设计方法

在餐饮空间设计中，流线设计是至关重要的一环，它综合了人的使用需求、空间功能和辅助设施等多个因素。为了满足不同人群的需求，设计者需要从多个角度来考虑流线设计，确保空间的舒适性和高效性。

1. 以人作为设计基本出发点

人是餐饮空间流线的主要使用者，他们的心理认知、感觉和行为习惯都对流线设计产生重要影响。因此，设计者需要深入了解人的行为习惯和心理活动趋势，让流线动向最大化地与人的需求相契合。这样不仅能提供舒适的空间环境，还能提高室内空间的整体利用效率。

2. 注意流线与功能区之间的相互关系

流线不仅承载着人流，保证室内外交通的流畅性，还对空间构成和功能区的划分产生重要影响。例如，就餐区的顾客流线应简洁明了，避免与服务流线混杂；服务空间与后厨及就餐区之间的路径规划要合理，减少不必要的绕行，提高服务效率。这些设计方法都是为了使流线更好地服务于空间功能，提高工作效率，实现客户体验与利润的双向提升。

3. 利用辅助设施对流线进行强调

尽管流线设计经过详尽的分析和规划，但仍然可能无法满足每个人的需求。为了降低因设计不足给餐厅运营带来的不良影响，设计者可以运用一些辅助设施对人流进行引导和对流线进行强调。例如，在各功能区内设置确认性标识，帮助使用者辨别不同的功能性空间；在流线入口或交叉转折处设置引导性标识，方便使用者快速辨别方向。此外，灯光和色彩也是流线设计中重要的强调手段，可以利用它们的变化来引导人流并丰富空间的层次感。

第二节 餐饮空间色彩设计

色彩在餐饮空间设计中至关重要，它不仅影响视觉感受，还能激发情感联想，为空间注入独特魅力。设计时需考虑色彩与主题、风格的协调，利用色彩划分空间，引导顾客流动。暖色调激发食欲，冷色调带来宁静，应根据客群需求选择。色彩还能强调重点元素，与灯光、材质结合打造层次感。因此，餐饮空间设计师对色彩的理解与把握在实际工作中也就显得尤为重要。

一、色彩的视觉心理效应

（一）色彩的概念

色彩源于光与物质表面的交互作用，其存在与感知均依赖于光的照射。色彩学上，我们通过色相、纯度和明度三个维度来精准刻画色彩的特质。其中，色相定义了色彩的基本面貌，如红、黄、蓝等独特的视觉呈现；纯度则反映了色彩的鲜艳程度或饱和度，决定了色彩的强弱对比；而明度则揭示了色彩的明亮程度，即色彩的深浅与明暗变化。

在对色彩世界的深入探索中，人们逐渐揭示了色彩变化的内在规律，并据此将色彩划分为原色、间色和复色三大体系。原色，作为色彩构成的基础，包括红、黄、蓝三种无法通过混合其他色彩得到的基本色。间色，则是通过等比例混合两种原色所得到的新色彩，如橙、绿、紫等，它们丰富了色彩的多样性。而复色，则是由原色与间色或间色之间相互混合而成的更为复杂的色彩，它们涵盖了除原色和间色之外的所有色彩可能。掌握这些色彩属性和分类系统，对于餐饮空间设计而言，具有重大的理论与实践意义。它们不仅帮助我们更深入地理解色彩在空间设计中的作用与影响，更为我们运用色彩创造独特餐饮空间提供了有力的工具和指导。

（二）色彩的心理功能

色彩作为设计中不可或缺的要素之一，在物理、生理和心理层面都扮演着举足轻重的角色，从而确立了其在设计领域的重要地位。不同的观察者在不同环境下对色彩会产生差异化的情感体验，这些体验进一步引申出色彩的深层含义、喜好倾向、象征意义、情感表达以及色听现象（即联觉现象），这使得色彩与我们的日常生活紧密相连。

每一种颜色都具有独特的心理影响力，能够影响我们对温度的感知、空间的认知甚至情绪的感受。牛顿的棱镜光学实验有力地证明了色彩实际上是不同波长的光刺激人眼所产生的视觉反应。这种视觉反应不仅体现在色彩的物理性质上，如冷暖感、胀缩感、远近感、轻重感和大小感等，而且也与物体间的相互作用所形成的视觉错觉紧密相关。这些现象的产生不仅是因为物体本身对光的吸收和反射特性的差异，也与人类视觉系统的复杂处理机制密不可分。

1. 冷暖感

冷暖感实际上是人类触觉对外界环境的一种反应，而色彩本身并不具备真实的温度属性。人们对色彩的冷暖感受主要来源于日常经验和条件反射的作用，视觉在这种情境下成了触觉的先导，引发人们对冷暖感的心理联想和条件反射。例如动态大、波长长的色彩，如红、橙、黄等通常给人以温暖的感觉，而动态小、波长短的色彩，如蓝、蓝紫等则给人以冷的感觉。这种感觉的形成是物理、生理、心理以及色彩本身属性等多种因素共同作用的结果，对人的心理产生显著的影响。

暖色调能够激发人的兴奋情绪，产生积极进取的感觉，而冷色调则往往使人感到沉静或压抑。这种感受与人们长期以来的经验是一致的。当眼睛看到某种色彩时，会受到刺激并产生与该色彩相关的联想。例如，红色和黄色让人联想到太阳和火焰，从而产生温暖的感觉；而青色和绿色则让人联想到大海、晴空和森林，产生清凉的感觉。

在同一色相中，明度的变化也会影响色彩的冷暖倾向。一般来说，提高色彩的明度会使色性趋向于冷，而降低明度则会使色性趋向于暖。此外，环境色对色彩的影响也是不可忽视的。例如，在小块白色与大面积红色对比下，白色会明显带有绿色的成分，这是因为红色的补色影响到了白色。

因此，色彩的冷暖性质是相对的而非绝对的，不能孤立地看待。在设计实践中，我们可以利用色彩的这种相对性来营造不同的氛围和情感体验。例如，在餐饮空间设计中，通过巧妙运用冷暖色调的搭配和变化，可以创造出温馨、舒适或清新、凉爽等不同的空间氛围，以满足不同人群的需求和喜好。

2. 距离感

色彩的彩度和明度的变化不仅能够营造出不同的氛围和情感体验，还能在距离感上产生显著的影响。具体来说，明度高的暖色会给人一种凸出、前进的感觉，而明度低的冷色则会让人产生凹进、远离的视觉感受。这种色彩的距离感在商店和餐饮空间的布置中具有非常重要的作用。

在空间有限的卖场中，运用可以产生后退感的颜色，如某些冷色调，可以使墙面显得更为遥远，从而赋予整个空间一种开阔的感觉。这种视觉上的错觉能够有效地改变人们对空间大小的感知。

达·芬奇首次提出的"空气透视"理论也为我们提供了有益的参考。他认为在描绘风景时，由于远景透过层层空气，其色彩应该画得相对冷一些，对比度也应适当减弱，以产生远离的效果。这种理论同样可以应用于室内设计中，通过巧妙地运用色彩来强化空间的深度和层次感。

因此，在室内设计中，我们可以利用色彩的这种视觉规律来有意识地改变空间的大小、高低和深度。通过合理的色彩搭配和运用，可以创造出更加丰富多样的空间效果，满足不同的设计需求和审美要求。同时，这也需要设计师具备对色彩属性和视觉规律的深入理解和熟练运用能力。

3. 轻重感

色彩的轻重感遵循一定的规律，这种规律主要受到明度和纯度的影响。明度较高的色彩，如桃红色和浅黄色，往往会给人轻盈的感觉；而明度较低的色彩则会传递出沉重的氛围。同样，纯度高的暖色常带有厚重感，而纯度低的冷色则显得轻盈。这种感觉与人们在日常生活中的实际体验紧密相连，比如白色的棉花和纱窗会给人轻盈的印象，而黑色的金属则会显得沉重。

在室内色彩设计中，设计师经常运用这种轻重感的规律来营造空间的平衡和稳定感。一种常用的手法是采用"上轻下重"的色彩布局，即上半部分空间使用明度高、纯度低的色彩，营造轻盈、通透的感觉；而下半部分则使用明度低、纯度高的色彩，以传达稳定、庄重的氛围。通过这种巧妙的色彩搭配，设计师不仅能够实现空间的视觉平衡，还能根据表现风格的需要，创造出多样化的空间氛围。

二、餐饮空间中色彩设计的应用

（一）餐饮空间色彩设计的重要性

在餐饮空间设计中，色彩的运用是至关重要的，它不仅是提升空间艺术性和营造氛围的关键因素，更能通过人们的感知和印象产生深远的心理和生理影响。当色彩在餐饮空间设计中得到恰到好处的运用时，它能够有效地影响人们的情绪，甚至在一定程度上引导空间使用者的行为活动。这不仅有助于充分发挥餐饮空间的多样化功能，特别是其使用功能，还能显著展现餐饮空间的装饰风格特征，从而提升餐饮企业的经济和社会效益。

在设计过程中，设计师必须精准把握色彩设计，以充分展现色彩的功能，并进一步提升餐饮空间的市场附加值。这包括促进现代设计与传统文化的有机融合，通过运用传统的色彩搭配和创新元素，来展现空间的文化内涵，为用餐者营造一种舒适且富有特色的就餐环境和色彩氛围。同时，通过巧妙运用色彩，餐厅的档次和品质也将得到显著提升，从而为经营者带来更多的经济利润。

（二）餐饮空间中色彩设计的应用

1. 餐饮空间色彩设计方法

在餐饮空间设计中，色彩的运用至关重要，它不仅影响空间的美感和舒适度，还能对消费者的心情和用餐体验产生深远影响。两种主要的配色方法——调子配色法和对比色配色法——各有其独特之处。

调子配色法注重色彩之间的和谐与统一。在餐饮空间设计中，这种方法通常根据餐厅的周围环境和主题，选取一个主色调作为基调，然后调整空间中各种物体的色彩，使它们的色相、明度等与主色调相协调。墙面、地毯等的色彩选择都应围绕这个主色调进行，以保持整体的一致性。同时，为了突出餐厅的特色或某些重点区域，可以选择高纯度的色彩作为强调色，或者利用基调色的对比色作为点缀色，为空间增添活力和变化。

与调子配色法不同，对比色配色法更注重色彩之间的对比和差异。在这种方法中，不同的色彩虽然也需要有某种秩序感，但它们之间并不追求完全的协调，而是通过对比来产生强烈的视觉效果。这种方法在餐饮空间设计中可以用来突出某些特定的元素或区域，或者用来营造一种活泼、动感的氛围。

除了这两种基本的配色方法外，风格配色法也是一种常用的设计手法。这种方法要求设计师具备丰富的色彩阅历和深厚的设计底蕴，能够灵活运用历史上或人们普遍认可的色彩组合来指导餐厅的色彩设计。例如，在新中式风格的餐饮空间设计中，设计师可以借鉴苏州园林的用色特点，以清朗、庄重的色彩风格为主调，运用仿花梨木、紫檀色等家具色彩搭配白墙、青砖等元素，营造出一种具有中国传统文化韵味的空间氛围。

2. 餐饮空间色彩设计的原则

不同的餐饮空间可以根据其空间特色采用不同的色彩设计方案，但是无论怎样进行餐饮空间色彩的设计，都需要遵循以下几点原则：

（1）符合客观色彩规律。

在餐饮空间设计中，色彩的选择和运用是一个综合性的过程，需要考虑多个因素以确保最终的设计效果既美观又实用。首先，设计师需要了解建筑的性质、空间设计的具体功能以及建筑设计的整体风格和设计理念。这是因为不同的建筑类型和功能需求会对色彩的选择产生直接影响，而整体风格和设计理念则是确定色彩基调的关键因素。

在确定了这些因素后，设计师可以开始确定餐饮空间的基本色调。这个基本色调应该与建筑的整体风格相协调，并且能够体现出餐饮空间的独特性和主题。例如，如果餐饮空间是一个现代化的高档餐厅，那么基本色调可能会选择冷色调或中性色调，以营造出优雅、高端的氛围。

其次，确定了基本色调后，下一步是根据色彩的搭配原则来确定色彩的布局。这包括考虑色彩之间的对比、调和等关系，以及它们在空间中的分布和比例。对比可以增强空间的活力和层次感，而调和则可以使空间更加和谐统一。此外，还需要考虑色彩在不同光照条件下的变化，以确保最终的设计效果在各种环境下都能保持良好的视觉效果。

最后，设计师需要遵循由主体到局部、由大到小的设计步骤来进行色彩选择、比较和搭配。这意味着首先要确定主体部分的色彩，然后再逐步细化到各个局部和细节部分。在这个过程中，需要保持色彩的整体感和主次感，以确保最终的设计效果既统一又富有变化。通过这样的设计过程，可以充分发挥出色彩独特的艺术魅力，为餐饮空间创造出宜人的用餐环境和愉悦的氛围。

（2）整体协调。

在餐饮空间设计中，色彩作为一个关键要素，它并不是孤立存在的，而是与整体环境紧密相连，相互作用，共同影响着空间的氛围和感受。因此，设计师在进行色彩选择时，必须从整体的角度出发，充分考虑色彩与空间内其他元素的关系，以及它们如何共同作用于人的感知。

运用色彩的对比与调和是餐饮空间设计中的常用手法。通过对比，可以突出某些元素，增强空间的层次感和活力；而调和则能使空间色彩更加和谐统一，避免过于杂乱无章的视觉感受。在实际设计中，设计师可以根据空间的主题和氛围需求，灵活运用这两种手法。

同类色是典型的调和色，它们的搭配效果简洁大方，易于营造和谐统一的氛围。但为了避免单调乏味，设计师可以根据实际情况适当调整色彩的明度、色调和纯度，增加一些细微的变化和层次。同时，注意冷暖色调之间的变换与对比使用也是非常重要的，这可以丰富空间的色彩感受，使其更加生动有趣。

此外，采用大面积主体色搭配显眼的点缀色也是一种常用的设计手法。这种搭配方式可以突出空间的重点区域或元素，同时保持整体色彩的统一性和协调性。在具体实施时，设计师可以适当改变点缀色的纯度和明度，以使其更好地融入整体环境之中。

（3）以人为本。

餐饮空间设计，与其他类型的环境设计一样，其核心目标都是服务于人。因此，在空间中的色彩运用上也应遵循这一原则，即色彩的选择和搭配应让人感到舒适和美观。不同的空间功能和受众群体对色彩的需求是不同的，因此设计师在进行色彩设计时需要有针对性地考虑。

以游乐场等儿童活动空间为例，这类空间的色彩设计需要从儿童的角度出发。一般来说，清新、明亮、欢快的色彩更能吸引儿童的注意力，激发他们的好奇心和探索欲望。同时，在保持色彩统一的基础上，也需要有一定的对比，以增加空间的层次感和活力。这样的设计有助于调动儿童娱乐活动的积极性，让他们在空间中获得更好的体验。

3. 注意事项

在餐饮空间色彩设计中，设计者需综合考虑环境、功能及顾客感受。选择色相时，避免繁杂，以淡雅明亮为主，核心色彩控制在三个色相内。灯光可采用暖色调提升明亮度与温馨感；不同区域如门面、餐区等需因地制宜选择合适的色彩明度，营造恰当氛围。可运用对比色增强空间表现力，但需谨慎处理以避免突兀。总之，设计需兼顾美观与实用，为顾客提供愉悦的用餐体验。

三、不同类型餐厅的色彩处理

1. 快餐厅的色彩处理

在需要提升翻台率的快餐厅或休闲餐厅中，室内配色方案的选择至关重要。为了满足这类餐厅的功能需求，通常推荐采用明度、饱和度较高的暖色系，如柠檬黄、朱红等。这些颜色不仅能为餐厅带来活力和吸引力，还能从心理上影响顾客的行为和感受。

首先，明度高、饱和度高的暖色系属于立体色，能够在视觉上扩宽空间，减少客人数量多时的拥挤感。这对于快餐厅或休闲餐厅来说尤为重要，因为它们往往需要在有限的空间内接待大量顾客。通过采用这样的配色方案，可以让顾客感受到更加宽敞和舒适的就餐环境。其次，红色、黄色、橙色等暖色具有令人感觉时间过得更快的作用。在暖色环境下，人们会下意识地加快动作的节奏，这对于提高快餐厅客人的流动速度非常有利。因此，采用这些暖色系作为餐厅的主色调，可以潜移默化地促使顾客更快地完成用餐，从而提高翻台率。最后，颜色鲜亮的空间和家具能给人以干净与高效的印象。这对于快餐厅或休闲餐厅来说同样重要，因为它们需要给顾客留下快速、便捷、卫生的印象。通过选择明亮、鲜艳的色彩搭配，可以让餐厅的整体氛围更加轻松、愉悦，提升顾客的就餐体验。

国际著名的连锁快餐店如麦当劳、必胜客以及国内著名的中式快餐连锁店如真功夫等，都采用了以红色、橙色和黄色为主调的配色方案，并配以暖色的白炽灯。这些成功的应用实例证明了这种配色方案在提升翻台率方面的有效性，也为其他餐厅提供了有益的参考和借鉴（图 3-25 ~ 图 3-27）。

图 3-25　快餐店设计（1）　　图 3-26　快餐店设计（2）　　图 3-27　快餐店设计（3）

2. 咖啡厅的色彩处理

咖啡厅作为一个追求宁静、安逸与轻松氛围的消费场所，其室内配色方案的选择至关重要。为了满足这样的特殊要求，咖啡厅通常采用明度和饱和度较低的颜色，并倾向于使用较多的冷色系。

明度低、饱和度低的颜色具有收缩血管、抑制兴奋情绪的效果，有助于让顾客在心理和身体上都更容易冷静下来。这种配色方案为顾客提供了一个远离喧嚣、放松身心的环境，使他们能够在咖啡厅中享受一段宁静的时光。同时，冷色系如蓝色等也具有类似的效果，能够让人感到放松和舒适。与红色相反，人在这样的环境中会感觉时间过得更慢，这正好适应了咖啡厅慢节奏的功能要求。因此，采用这样的配色方案能够让顾客在咖啡厅中更加愉悦地度过时光。需要注意的是，咖啡厅的照明灯光应避免使用色度太低（即过于暖的颜色）的灯具。因为人在这种光源下容易变得烦躁而无法久留，这显然与咖啡厅追求的宁静氛围相悖。

星巴克就是一个很好的例子，其门店装修多采用低饱和度的棕色与灰色作为主色调，加上局部的冷色装饰做点缀。同时配合略微偏黄的 LED 照明灯光，营造出安静舒适的环境，吸引了大量喜欢在店里消磨时间的消费者。这种成功的配色方案不仅提升了星巴克的品牌形象，也为其他咖啡厅提供了有益的参考和借鉴（图 3-28）。

图 3-28　成都太古里星巴克

3.零点餐厅的色彩处理

零点餐厅空间因其顾客就餐时段的多样性而面临人流密集的挑战。在满足基本功能需求的同时，必须有效解决人流的导向和疏散问题。为实现这一目标，利用颜色的诱目性成为一种有效的策略。

高饱和度的颜色比低饱和度的颜色更容易吸引眼球，这是因为高饱和度颜色具有较强的诱目性。在零点餐厅空间设计中，可以巧妙地运用这一原理来优化空间布局和人流管理。

首先，在家具选择上，采用诱目性较强的颜色能够帮助清晰地划分空间区域和布置通道。这样的设计使得顾客在进入餐厅时能够迅速识别出不同功能区域，如用餐区、等候区和通行区等，从而有序地分散人流，减少拥堵和混乱。其次，重要的标识和出入口也应使用诱目性较强的颜色。醒目的标识能够迅速引导顾客找到所需的信息或服务点，如卫生间、收银台或特色菜品区等。同时，出入口的明显标识有助于顾客在离开时快速找到出口，确保人流的顺畅流动。

第三节　餐饮空间照明设计

从心理学的角度来看，光照在塑造顾客餐饮体验中扮演着举足轻重的角色，其影响力甚至超越了许多其他因素。不同的光照条件能够营造出截然不同的餐饮氛围，无论是宁静雅致还是活力四溢，抑或是低调奢华与温馨浪漫，都可以通过光线的巧妙运用得以实现。

餐饮空间的照明设计并非孤立存在，而是与空间布局、室内装饰紧密相连，共同承载着塑造特定风格的重任。在餐饮环境中，照明设计的核心在于"氛围"的营造。无论是中式餐厅的古典韵味，还是西餐厅的浪漫情调，抑或是风格独特的酒吧，每一家餐饮店都致力于打造独特的主题氛围，而照明设计则成为实现这一目标的关键手段。

在餐饮空间的设计中，照明不仅是室内设计的重要组成部分，更是创造宜人用餐氛围的关键要素。通过巧妙的照明设计，可以营造出与餐厅菜系、风味、档次和风格相契合的氛围，使顾客在用餐过程中获得更加愉悦的视觉与情感体验。越来越多的餐饮业者开始意识到，灯光在吸引顾客方面发挥着至关重要的作用。不适宜的照明可能会削弱其他设计元素的积极效果，因此，餐饮环境的照明设计不仅要确保顾客能够清晰地看到周围环境，更要与餐厅的整体风格和功能需求相协调。

从功能布局的角度来看，餐厅通常分为顾客用餐区和工作人员操作与办公区两大部分。在厨房等操作区域，照明强度必须达到足够的标准，以确保厨师在长时间工作时不会产生视觉疲劳，从而保证食品安全和制作效率。此外，室外照明设计也是不可忽视的一环。它不仅要确保餐桌和操作台面的充足照度，还要综合考虑餐厅的经营类型、规模、档次以及地理位置等因素。通过精心设计的室外照明方案，可以打造出引人入胜的光环境，进一步提升餐厅的整体吸引力。

一、餐饮空间自然采光和人工照明

餐馆的光源来自自然采光和人工照明两个方面。

自然采光主要依赖日光与天空漫射光，而人工照明则涵盖各种电源灯具。在包房设计中，主光源选用暖色调，以营造温馨舒适的氛围。同时，背景墙上的发光曲线造型作为辅助光源，巧妙地与主光源相呼应，提升空间的层次感和艺术美感。为缓解冷灰色调可能带来的幽闭感，室内均采用暖管照明，使整个空间更加温暖和谐。在洗手池区域，设计师巧妙地运用黑色大理石和铁艺风格的台下盆进行搭配，既彰显出简约时尚的现代感，又体现了独特的个性魅力。值得一提的是，镜面上方暗藏的灯带设计，不仅满足了顾客对光源的基本需求，更为其带来一定的私密感，使顾客在享受服务的同时，也能感受到细致入微的关怀。这种巧妙的光源设计，既实用又美观，充分展现了现代室内设计的精致与巧思。

（一）餐馆的自然采光

日光作为一种可持续且无污染的光源，不仅对人眼有益，还能为环境增添多样性和愉悦感。为了优化日光的利用，可以采取多种策略，尽管这些策略可能涉及较高的成本。调整窗户的位置、大小和形状是改变日光进入室内的方式和强度的常见方法。然而，任何对建筑外形的修改都需要经过深思熟虑，并获得建筑所有者的批准。在实际操作中，将小窗户替换为大窗户或门，或在墙上开设适当尺寸的窗洞通常是可行的选择。

了解建筑结构类型对于窗户改造至关重要。砖混结构的承重墙在开洞或增加窗户时需要特别谨慎，而框架结构则提供了更大的灵活性。此外，日光控制还可以通过使用真空玻璃来实现，这种玻璃由两层或三层组成，层间抽成真空，具有良好的保温、隔热和隔声性能。在室内设计中，窗帘和遮光帘的结合使用不仅具有装饰作用，还能有效控制阳光和调节光线。合适的家具布置也能更有效地利用日光照明，提升室内的舒适度和功能性。

随着人们与自然亲近的渴望日益增强，许多餐馆开始致力于最大化地引入自然光线。例如，位于风景区的餐馆常常采用大面积落地玻璃窗和天窗设计，这样的设计既能让顾客在用餐时欣赏到窗外的美景，又能充分利用自然光线照明，实现了美观与实用的完美结合。

（二）餐馆的人工照明

人工照明是依赖各种灯具来点亮室内空间的照明方式，涵盖了从强烈到柔和，从冷色调到暖色调，以及可调照度和光色等多样化选择。在餐馆环境中，人工光源以白炽灯和荧光灯为主，而其他类型的电源灯则相对较少使用。

白炽灯以其偏黄的暖色调，为餐馆营造出温馨、宁静和亲切的氛围，特别适合强调家庭式或亲切感的用餐场所。相对而言，荧光灯则以其高效发光和柔和的光线著称。荧光灯的光色选择丰富，包括自然光色、白色和温白色三种。自然光色系列混合了直射阳光和蓝色天空光，呈现出一种接近于阴天的光色，偏蓝的色调给人带来清爽的感觉。白色光系列则更接近于直射阳光的效果，适用于需要明亮光照的场所。而温白色系列则更接近于白炽灯的光色，为用餐环境增添了一份温暖和舒适感。通过巧妙运用这些不同类型和光色的灯具，餐馆可以创造出与其主题和风格相契合的独特氛围，为顾客提供愉悦而难忘的用餐体验。

二、餐饮空间的照明方式

（一）三种照明方式

餐厅照明设计通常采用一般照明、局部照明以及混合照明三种主要方式，每种方式都有其独特的应用场景和效果。

一般照明是餐厅中最常见的照明方式，它对整个室内空间进行均匀照明，不考虑局部差异。这种照明方式适用于风格简洁、顾客群体相对大众化的餐厅。其优点在于整体光线分布均匀，营造出明亮、舒适的用餐环境。

局部照明是一种针对性很强的照明方式，通常用于强调餐厅中的特定目标或区域。例如，在酒吧中，局部照明可以仅用于桌面和陈列展示部分，通过重点照明将人们的视线吸引到具有文化氛围的区域，形成视觉上的趣味中心。这种照明方式有助于凸显酒吧的个性特色，营造独特的氛围。

混合照明则是一种更为灵活和高级的照明方式，它结合了一般照明和局部照明的特点。在混合照明设计中，整体空间被均匀照亮，同时针对餐桌等特定区域进行局部加强照明。这种照明方式层次感强，能够形成独特的用餐氛围，常用于中高档餐厅、酒吧和咖啡厅等场所。混合照明的优点在于它既能满足整体照明需求，又能突出重点区域，提升用餐体验。

（二）容易被忽略的照明区域

餐厅的入口区域，虽然在过去常被商家忽视，但随着餐饮行业的竞争日益激烈和餐饮文化的不断发展，越来越多的高档餐厅和个性化餐厅开始重视这一区域的照明设计。这是因为入口区不仅是餐厅的"门面"，更是展示餐厅氛围和风格的重要窗口。

一个精心设计的入口照明方案能够有效地吸引顾客的注意，引导他们进入餐厅，并为他们创造出愉悦的第一印象。然而，强调入口区域的照明并不意味着要一味地追求亮度或特效。过度的照明设计可能会显得突兀，甚至破坏餐厅整体的和谐氛围。因此，在设计餐厅入口区域的照明时，需要遵循灵活多样的原则，根据餐厅的整体风格和氛围需求来制定方案。同时，也要考虑到与周围环境的协调性，确保入口照明既能突出餐厅的特色，又能与整体环境相融合。

三、餐饮空间照度与亮度控制

照度与亮度控制是餐厅照明设计中的核心要素，它们直接影响着顾客的就餐体验和心理感受。通过调整照明强度，可以营造出不同的氛围，从而满足顾客多样化的需求。

在餐厅室内环境和餐桌台面上，确保足够的光照是必不可少的。这不仅是为了让顾客能够清晰地看到菜单和食物，更是为了营造一个舒适、宜人的用餐环境。根据国际照明委员会《室内工作场所照明》SO08/E-2001 的建议，餐桌面的照度以 200lx 为宜。这一标准旨在为顾客提供足够的光线，同时避免过强的光照造成不适。我国《建筑照明设计标准》也对餐厅的照度做出了明确规定：对于中餐厅，0.75 米水平面处的照度不得低于 200lx；而西餐厅则不得低于 100lx。这些标准的制定是为了保证餐厅在不同场景下都能提供适宜的照明条件，既满足功能需求，又体现美学价值。

在实际应用中，餐厅的照度和亮度控制需要综合考虑多种因素。例如，不同的餐厅风格、装修材料和色彩搭配都会对光照效果产生影响。因此，设计师需要根据实际情况进行灵活调整，以达到最佳的照明效果。

（一）不同就餐环境的照明方案

照明方案应该随着时间的改变而变化，在不同的场合创造出不同的就餐氛围。

在宴会厅中，为了营造热烈庄重、金碧辉煌的氛围，通常需要较高的照度。这种明亮的照明可以突出宴会厅的豪华感，让宾客感受到尊贵和重视。同时，适当的灯光布置还可以强调空间层次感，使整个宴会厅更加宽敞和通透。

相比之下，快餐厅的照明则需要充足而均匀。这种照明方式可以突出快餐厅明亮、简洁的空间特征，让顾客在短时间内找到座位和食物。此外，适当的灯光还可以提高食物的色泽和诱惑力，增加顾客的食欲。

风味餐厅的照明则需要更加适中。过高的照度会让顾客感到缺乏私密感，而过低的照度则不能满足基本的用餐需求。因此，最好的办法是按照功能区域将照度拉开梯度。例如，餐桌面和展示空间的照度可以稍高一些，以突出食物和餐厅的特色；而交通空间和过渡空间的照度则可以稍低一些，以营造更加舒适和宁静的用餐环境。

在酒吧中，为了营造幽暗、朦胧、隐秘而充满神秘感的气氛，对灯光的运用需要做到恰到好处。有时候，简单的烛光就可以满足酒吧的照明需求，同时还能体现出酒吧脱俗的情调。此外，还可以通过灯光色彩和布置方式来强调酒吧的主题和风格，为顾客带来更加独特和难忘的用餐体验。

（二）材料对照度和亮度的影响

由于餐厅室内的表面是由各种材料组成的，在同样照度的条件下，表面材料的反射比不同，各种材料表面的亮度也不同，而各表面的亮度决定整个空间光环境的效果。这就是为什么有的餐厅室内照度很高，人们却没有感到空间的明亮。因此，在考虑室内照度的同时应该结合设计所用的材料。如果材料的反射比低，为了使就餐环境达到令人满意的亮度，照度应相应有所提高；反之亦然。在照明设计中，最好是顶棚墙面与餐桌面的亮度有所区别，否则就会使视觉效果过于单调。墙面亮度与水平亮度之比在 0.5 ~ 0.8 时最有可能达到令人满意的效果。

但需要注意的是，这只是一个参考值，实际设计中还需要根据具体情况进行调整和优化。

（三）照明方案对照度和亮度的影响

照明方案的设计在餐厅环境中起着至关重要的作用，它不仅影响着整体氛围的营造，还能直接影响到顾客的用餐体验和心理感受。针对包间的照明设计，更是需要细致入微地考虑，以确保光环境与整体室内设计相得益彰。

在包间照明中，功能性照明和装饰性照明的结合是关键。功能性照明的主要任务是确保顾客能够清晰地看到菜品，因此选择显色性好的光源至关重要。这样的光源能够准确地还原菜品的颜色，使其看起来更加鲜亮诱人。而装饰性照明则侧重于营造温馨、舒适的用餐氛围。通过巧妙布置灯光，可以打造出温馨浪漫、轻松愉悦或高端大气等不同风格的用餐环境。

在设计过程中，应尽量避免使用直射光。直射光会在桌面和墙面上形成明显的光影，不仅影响视觉舒适度，还可能分散顾客的注意力。相反，漫射光能够更均匀地照亮空间，减少光影的产生，使环境更加和谐。同时，配合暗藏光源和调光系统，可以实现"见光不见灯"的效果，进一步提升整体的美感和舒适度。

当然，不同年龄段的顾客对光环境的需求也有所不同。年轻顾客可能更喜欢明亮、活泼的照明效果，而中老年顾客则可能更倾向于柔和、宁静的光环境。因此，在设计时可以根据目标顾客群体的特点来调整照明方案，以满足他们的不同需求。

最后需要注意的是，在顾客用餐期间应尽量避免频繁调节照明亮度。频繁变化的光线会干扰顾客的注意力，影响他们的用餐体验。因此，在照明设计时就需要充分考虑到这一点，确保光环境的稳定性和舒适性。

四、餐饮空间照明的色度与过渡区域

（一）选择合理的光源色温

在餐厅照明设计中，选择适当的光源色温至关重要。一般来说，无论照明强度如何，低色温光源都是更理想的选择。当然，对于采用混合照明方式的餐厅而言，可以将高色温的整体照明与低色温的局部照明相结合，以实现更均衡的照明效果。为了迎合人们长期以来形成的习惯，并营造一个舒适且宜人的用餐环境，多数餐厅倾向于使用偏暖色调的光源。这是因为暖色调不仅能传递温暖的感觉，还能有效地刺激人们的食欲。这种设计不仅能在室内营造出愉悦的氛围，而且通过透明的玻璃窗、温暖的光线与热闹的用餐场景交相辉映，形成一幅引人入胜的画面，进而吸引路过的行人驻足并产生进餐的欲望。然而，要想实现理想的视觉效果，关键在于将不同的照明手法和灯光色彩进行合理的配置与融合。只有通过精心的设计，才能确保餐厅的照明方案既符合实际需求，又能彰显出独特的魅力。

（二）选择合适的光源光色

不同经营策略的餐厅在照明设计上应有所区分，精心挑选适合的光源光色来突显其特色。一般来说，高级餐厅更倾向于使用高色温照明，以营造优雅、高端的氛围；而快餐厅和中低档餐厅则更适合采用中低色温照明，创造出轻松、舒适的用餐环境。此外，在选择光源光色时，还需考虑室内陈设的材料和颜色。例如，餐厅的天花板采用木材装饰，选用 2500 ~ 3000K 的暖黄色灯光将使木材的温暖特性得到完美展现，为用餐空间增添温馨感。

照明色温的选择也应与餐厅的装饰风格相协调。对于传统风格的餐厅，暖黄色光源能进一步渲染室内的怀旧气氛，让顾客在用餐时感受到历史的韵味。而面向年轻人的现代快餐厅，则更适合选用 4000 ~ 4300K 的光源，以满足餐厅照明需求的同时，营造出明亮轻快的空间感，彰显现代与新潮。

为了确保食品和饮料的颜色真实自然，餐厅应选用颜色指数较高的光源。特别是在餐桌附近的局部照明区域，推荐使用显色性较高的三基色荧光灯（包括节能灯），以使食物在暖色照明下呈现更加新鲜诱人的外观，如同在日光下一般。这样的照明设计不仅能提升顾客的用餐体验，还能为餐厅增添独特的魅力。

（三）过渡区域的处理

照明的过渡区域在餐厅设计中占据着举足轻重的地位，它对顾客的身体和心理感受都产生着深远的影响。当顾客从室外步入餐厅内就餐时，他们的视线需要经历一个逐渐适应的过程，以适应不同光照环境的变化。这一过程就好比我们从昏暗的电影院走出后突然置身于明媚的阳光下，眼睛需要一段时间来适应并聚焦周围的景象。

对于患有眼部疾病的顾客而言，这种光线的突变可能会带来很大不适。因此，在处理室内外过渡区域的照明设计时，我们需要格外细心和周到。这不仅仅是为了保证顾客能够顺利地从一个空间过渡到另一个空间，更是为了提升他们的整体用餐体验，确保他们在享受美食的同时，也能感受到舒适与愉悦。

为了实现这一目标，我们可以考虑在过渡区域采用渐变的照明设计，通过柔和的光线过渡来减轻顾客眼睛的负担。同时，也可以利用自然光和人工光的巧妙结合，创造出既符合实际功能需求，又兼具美感和舒适度的照明环境。通过这样的设计，我们不仅可以为顾客打造一个更加宜人的用餐空间，还能进一步提升餐厅的品牌形象和市场竞争力。

（四）灯具的选择、布置及灯光组合

照明设计的最终效果需要通过照明灯具来实现，而灯具本身也是室内陈设的重要组成部分。选择具有不同风格特征的灯具是体现餐厅整体风格的有效途径。设计师在挑选灯具时，应深入发掘其文化内涵，进行简化提炼和大胆创新，使灯具造型成为餐饮店室内环境中的特色部分。

在餐厅照明设计中，常用的灯具包括筒灯、射灯、吊灯、壁灯、台灯、格栅荧光灯和反光灯槽等。每种灯具都有其独特的作用和特点，需要根据餐厅的照明需求和整体风格进行选择。

筒灯外观简洁，隐蔽性强，主要提供泛光源，用于整体照明；射灯常和筒灯配合使用，提供点光源，用于突出重要装饰部位或打亮餐桌上的食物和饮料；吊灯常用于面积较大的餐厅和档次较高的宴会厅，其造型和风格决定餐厅的品位和档次；壁灯和台灯作为气氛照明和补充照明，增加空间层次感；格栅荧光灯以高照明效率和经济性成为各类快餐厅和中低档餐厅的首选；反光灯槽通过反射光使餐厅得到间接照明，创造良好的就餐视觉效果。

此外，灯光组合在餐厅照明设计中也至关重要。正确处理明与暗、光与影等关系，能调动用餐者的审美心理，达到饮食之美与环境之美的统一。应用重点照明能提升整体气氛，甚至用光来划分区域。对于较大的餐厅或宴会厅，可采用多种照明回路结合，通过不同回路的自由组合和时间控制，以适应客流量和日光变化的需要。

值得注意的是，灯具除了照明功能外，还是餐厅室内环境中显眼的装饰品。设计师应根据总的设计意图和整体风格亲自设计或参与选购和配置灯具，以确保灯具与室内陈设协调一致，最终唤起人们对美味的食欲。

五、餐饮空间照明的合理性

（一）照度及光源色温的合理性

餐厅照明设计对于营造舒适的就餐环境和吸引顾客至关重要。首先，确保合理的照度是餐厅照明的基础。一些餐厅可能忽视了照明的重要性，认为只要不影响正常就餐即可。然而，优质的照明实际上是餐厅吸引顾客的关键因素之一。其次，选择适当的光源色温也非常重要。某些餐厅的光源色温可能远高于国际照明组织的建议，未能根据餐厅自身的特点进行合理选择。这可能导致餐厅内部显得冷清、缺乏生气，并且使餐桌上的食物颜色无法达到理想效果。为了确保食物和饮料的颜色真实自然，应选择显色性良好的光源。此外，照明灯具的布置也需要有条理性和层次感。凌乱的照明布局可能使空间显得混乱，缺乏明确的焦点和层次感。一些餐厅可能错误地认为增加照度就能解决明亮度不足的问题，但实际上关键在于合理的明暗对比。在需要突出的地方使用明亮的照明，而在需要营造氛围或进行柔和过渡的地方则使用较暗的照明。

（二）局部照明及装饰性照明的合理性

餐厅室内空间涵盖了诸多特殊场所和独具魅力的区域，如服务区、酒水区、展示区等，这些区域往往陈列着价值不菲的餐具、酒具、雕塑、绘画及各类工艺品。为了凸显这些场所和陈设的独特魅力，餐厅室内环境设计中，局部照明及装饰照明等元素的运用显得尤为关键。

局部照明能够精准地突出某一区域或物品，使其在整体空间中脱颖而出，引导顾客的视线，增强空间层次感。在服务区、酒水区等关键区域设置局部照明，不仅可以提升这些区域的功能性，还能为餐厅增添一份神秘感和趣味性。而装饰照明则更注重于营造氛围和强化主题。通过巧妙的光影设计，装饰照明可以为餐厅创造出浪漫、温馨、现代、艺术等多种不同的氛围，使顾客在用餐过程中感受到愉悦和舒适。同时，装饰照明还能与餐厅的装修风格和主题相得益彰，共同打造出独特的用餐体验。

在餐厅室内环境设计中，应充分考虑局部照明和装饰照明的运用，根据餐厅的整体风格和主题及各个区域的功能和特点，进行精心的照明设计。通过合理的照明布局和光影效果，让餐厅的每一个角落都充满魅力，为顾客带来难忘的用餐体验。

（三）整体风格相协调

在餐厅的照明设计中，灯具的造型与室内设计风格的协调是非常关键的一环。灯具不仅仅是为了提供光源，它们本身就是空间中的艺术品，能够与餐厅所经营的菜品产生视觉上的关联，共同营造出一种相得益彰的氛围。例如，明亮的射灯光聚焦在食物上，可以使食物看起来更加精美诱人，增加顾客的食欲。但设计师在设计时也需要考虑实际运营中的灵活性，选择易于调整角度的射灯，以适应开业后可能出现的餐桌移动的情况。

此外，餐厅的照明设计应避免过于复杂或杂乱。整体的设计风格应该贯穿始终，灯具的选择和布置也要与之相协调。在整体布局良好的基础上，选择能够与简约氛围相融合的灯具是至关重要的。

同时，保持灯光的稳定性也是照明设计中不可忽视的一点。客人在用餐时，如果灯光发生异常变化，如闪烁或突然变暗，都会给客人带来心理上的不适，影响他们的用餐体验。因此，选择质量稳定、可靠的照明设备和灯具是非常必要的。

（四）迎合顾客就餐心理

迎合顾客美好的就餐心理是餐厅经营中不可忽视的一环。巧妙的光照设计能够让顾客在用餐过程中感觉良好，尤其是女性顾客，她们在享受美食的同时，也注重就餐环境给自己带来的愉悦感受。

合理的光照设计不仅从视觉层面提升了餐厅的吸引力，还从心理学层面为餐厅带来了潜移默化的盈利。餐厅经营者应该重视光照设计，与专业的设计师合作，根据餐厅的整体风格和主题，打造出舒适、宜人、有特色的光照环境，让顾客在享受美食的同时，也能感受到愉悦和满足。

同时，光照设计还可以与餐厅的菜品和服务相结合，共同营造出独特的用餐体验。例如，通过巧妙的灯光布置，突出菜品的色彩和质感，提升顾客的食欲；或者利用柔和的灯光营造出浪漫的氛围，让顾客在用餐过程中感受到温馨和浪漫。这些细微之处的设计，往往能够给顾客留下深刻的印象，并促使他们再次选择这家餐厅。

六、餐饮空间照明的艺术性

（一）创造气氛

光的亮度和色彩在营造室内气氛中扮演着至关重要的角色。不同的光色能够引发人们不同的情感反应，从而创造出独特的空间氛围。在餐厅、咖啡馆和娱乐场所等公共空间中，加重暖色调的灯光设计常常被用来营造温暖、欢乐和活跃的气氛。

暖色光，如粉红色、浅紫色，不仅能使空间充满温馨感，还能让人的皮肤和面容看起来更加健康、美丽动人。这种灯光设计能够瞬间提升人们的愉悦感，使他们在享受美食或娱乐的同时，感受到轻松和快乐的氛围。而在家庭环境中，卧室的灯光设计也常常采用暖色光。这是因为暖色光能够带来温暖和睦的感觉，有助于营造舒适、宁静的休息环境。在这样的灯光下，人们更容易放松身心，进入甜美的梦乡。另外，强烈的多彩照明则适用于需要增加活力和繁华感的场合。霓虹灯、各色聚光灯等照明设备能够打破空间的单调感，通过丰富的色彩和动感的光线变化，使室内气氛瞬间活跃起来。这种灯光设计常用于商业街区、夜市等繁华场所，能够吸引人们的目光，增加热闹的氛围。

因此，在灯光设计中，亮度和色彩的选择至关重要。它们不仅影响着空间的视觉效果，还能左右人们的情感反应和行为举止。通过巧妙运用光的亮度和色彩，设计师能够创造出符合场所功能和人们需求的理想氛围。

（二）加强空间感和立体感

在空间的表现中光起到了重要作用。通过调整照明的亮度和分布，我们可以有效地改变人们对空间大小的感知。明亮的房间往往会给人一种宽敞、开阔的感觉，而较暗的房间则可能让人感觉更紧凑、更私密。

在设计中，我们可以利用这种光的作用来强调或削弱空间中的不同元素。例如，通过增加亮度或使用重点照明，我们可以将顾客的注意力引向希望突出的商品或展示区，如新产品或特色商品。相反，对于次要或不希望过于引人注意的区域，我们可以降低照明强度，使其相对暗淡，从而达到平衡整体视觉效果的目的。

此外，照明还可以用来营造空间的虚实感。通过巧妙地布置台阶照明、家具底部照明等，我们可以创造出一种物体与地面"脱离"的视觉效果，形成悬浮、空透的感觉。这种照明设计不仅使空间显得轻盈、灵动，还能增添一份神秘感和趣味性（图3-29、图3-30）。

图 3-29　照明设计（1）　　　　图 3-30　照明设计（2）

（三）光影艺术与装饰照明

我们应该充分利用各种照明装置，通过巧妙的光影效果来丰富室内的空间感。光影的变化不仅可以强调空间的层次感和焦点，还能营造出不同的氛围和情绪。

以表现光为主的设计，可以运用明亮的灯光来突出空间中的某些元素或区域，如艺术品、装饰细节或建筑特点。这种照明方式可以强调空间的开阔感和明快感，营造出轻松、有活力的氛围。以表现影为主的设计，则注重通过灯光的投射和遮挡来创造出丰富的影子效果。影子可以为空间增添神秘感和深度感，也可以用来引导人们的视线或划分空间的不同区域。这种照明方式常用于创造出安静、私密或戏剧性的氛围。当然，我们也可以同时表现光影，让二者在室内空间中相互交织、映衬。通过巧妙的灯光设计和布置，我们可以创造出各种生动、有趣的光影效果，如光斑、光晕、光带等，让空间更加灵动、多变（图 3-31、图 3-32）。

图 3-31　光影艺术（1）　　　　图 3-32　光影艺术（2）

此外，装饰照明作为一种以照明自身的光色造型为观赏对象的设计方式，也是展示光艺术的重要手段之一。通过利用电光源和彩色玻璃的巧妙组合，我们可以在墙上投射出各种色彩形状的光影效果，构成一幅幅抽象而富有动感的"光画"。这种照明方式不仅可以为室内空间增添艺术气息和审美价值，还能让人们感受到光的魅力和无限可能性。

第四节　餐饮空间材料选择

一、常用装饰材料

（一）涂料

涂料是一种常见的墙面装饰材料，能够与物体表面黏结，形成完整而坚韧的保护膜，用于墙面的装饰和保护。涂料具有色彩鲜明、附着力强、施工简便、质感丰富、价格低廉以及耐水、耐污、耐老化等优点。

（二）石材

石材类墙面装饰以其独特的质感和美观性，在建筑装饰中占据重要地位。天然石材和人造石材虽然在表面上差异不显著，但它们的来源和加工方式却有所不同。天然石材如大理石、花岗岩和文化石等，具有天然形成的纹理和色彩，每一块都独一无二，赋予空间自然、原始的美感。

大理石以其细腻的颗粒和不规则的纹理分布著称，经过磨平、抛光等加工处理后，表面平滑如镜，反光性大，透光度高，为室内空间带来一种高贵、典雅的气质。而花岗岩则以其高硬度和全结晶结构为特点，展现出一种粗犷、豪放的美感，常用于大型公共空间的装饰。文化石则以其粗糙的表面质感和自然的形态受到青睐，它们保留了石材的天然特征，如板岩的层状结构、砂岩板的颗粒感等。这些特点使得文化石在反光性上较弱，但却能带来一种质朴、自然的美感，常用于营造田园风格或乡村风格的室内空间。

人造石材则是根据装饰效果的需求加工而成的，它们可以模仿天然石材的纹理和色彩，但更加均匀和规整。人造石材具有可锯切、抛光等加工性能，且尺寸和形状可根据需要进行定制，因此在餐厅墙面装饰中也广受欢迎。无论是天然石材还是人造石材，它们都能通过不同的加工方式和表面处理，呈现出丰富多样的装饰效果，满足人们对美好生活的追求。

（三）木材

木材作为一种天然材质，因其独特的质感和纹理，在室内装饰中占据了重要的地位。它的色泽温和、肌理细腻，给人一种温暖、舒适的视觉感受，特别能满足人们对于"家"的温馨与亲切的诉求。在商业空间中，木材也被广泛运用来营造氛围并引起消费者的情感共鸣。

木材的种类繁多，主要可以分为天然木材、木材与漆油合用两大类。天然木材因其种类众多，颜色和纹理也丰富多样，从深色的胡桃木到浅色的枫木等，每一种都有其独特的魅力。木材表面的天然纹理常常被作为设计的重点，通过表面涂漆等方式强化其表现效果。对于肌理清晰的木材，如橡木，其天然的纹理本身就是一种装饰，而对于肌理不清晰的木材，则可以通过手工雕刻等方式塑造不同的质感，既保持了木质的温润感又增添了趣味性。

然而，天然木材表面粗糙，为了保证使用的安全性，表面需要经过细致的打磨。因此，除了需要表现特殊艺术效果的情况外，木材的表面一般不保留天然的粗糙质感，而是相对细腻、平整。同时，由于加工方式的不同，木材的反光性也有所不同，但大多数木材的反光性较弱，这也使得它们在室内装饰中更加柔和、自然。

（四）玻璃

玻璃的制造过程融合了石英砂、石灰石、纯碱等多种原料，经过高温熔化、成型、冷却等工序，最终形成了我们所熟知的玻璃。其主要成分包括二氧化硅、氧化钠和氧化钙，这些成分赋予了玻璃独特的性质。

玻璃最为人称道的特点是透光性，这一特性使得玻璃能够带来一种洁净、明亮和通透的感觉。无论是家庭装饰还是商业空间，玻璃都能为室内引入自然光，营造出开放、通透的氛围，而其他材料往往难以达到这种效果。然而，玻璃材质也有其固有的缺点，如耐磨度低、脆性大、耐腐蚀性差以及清洁维护困难等。因此，在使用玻璃时，我们需要综合考虑这些因素，并巧妙地运用设计手法来扬长避短。

玻璃的种类繁多，不同的加工工艺可以生产出各具特色的玻璃产品。例如，通过在加工过程中加入不同成分的金属，我们可以得到呈现不同色彩的玻璃；而对玻璃表面进行处理，则可以形成磨砂、刻花等多种纹路和质感。这些处理不仅保留了玻璃的透光性，还增加了其私密性和装饰性。

在空间设计中，玻璃材质常被用作界面划分空间的手法。它可以使空间达到隔而不断的效果，既保持了空间的通透性，又实现了功能区域的划分。同时，玻璃的色彩和纹饰搭配灯光可以制造出丰富的光色、光影效果，为空间增添层次感和动态感。但需要注意的是，在光线的照射下，玻璃表面容易产生定向反射，造成眩光现象。这种眩光不仅会影响人的视觉舒适度，还可能对空间的整体氛围产生负面影响。因此，在使用玻璃时，我们需要合理控制光线入射角度和强度，避免眩光的产生。

（五）金属

金属，这种对于可见光有强烈反射的材质，在现代设计中占据着越来越重要的地位。其独特的物理特性，如易导电性、易热性和延展性，使得金属在加工和塑造上具有极高的灵活性。而金属坚硬的外表和冰冷的质感，则赋予它一种极强的现代感和科技感。

金属材料的种类繁多，包括黑色金属、有色金属和特种金属材料等。这些不同种类的金属，在颜色、肌理和质感上都有所差异，从而为设计师提供了丰富的选择空间。例如，不锈钢的表层质地细腻，颜色呈灰蓝，常给人一种高冷、干净的感觉，并附带着浓厚的科技属性。这种材料在现代主义风格的空间设计中尤为常见，其冰冷的质感和光泽度与极简的线条和几何形状相得益彰。

与此相反，铝质材料的色彩偏白，材质较轻软。它传达给受众的是一种方便、轻盈的心理感受。铝质的装饰品或家具，往往能给人一种轻盈、灵动的感觉，使空间显得更加通透和宽敞。

铜是一种有色金属，具有独特的色泽和质感。黄铜呈现黄色，而青铜则色泽为青灰色。这些铜制材料易于营造出凝重古朴的氛围，并富有历史气息。在室内设计中，铜质的装饰品或家具常常被用来点缀空间，提升空间的品位和格调。

由于金属材质的反光度高，具有极强的光泽美感，因此小面积使用金属装饰线条并配以灯光，可以营造出富含科技感的装饰效果。这种设计手法在现代商业空间和家居设计中越来越受欢迎，它不仅能提升空间的档次和质感，还能为空间增添一份神秘和未来的气息。

（六）织物类

织物类材料以其多样的种类和独特的质感，在室内设计中扮演着重要的角色。无论是天然材质如棉、麻、丝、毛，还是仿造天然材质的化合物，这些织物都具有质地柔软、纹理细腻、花色繁多的特点。它们不仅能够为室内空间带来温馨舒适的氛围，还能展现出不同的风格和个性。

纤维材质是织物的基础，可分为天然纤维材质和人造纤维材质两种。天然纤维是从大自然中直接提取的，如植物纤维、动物纤维和矿物纤维。这些天然纤维具有独特的质感和性能，使得织物在触感和透气性方面表现出色。而人造纤维则是经过化学处理得到的，如无机纤维、人造纤维和合成纤维。它们虽然不同于天然纤维，但也能为织物带来丰富的变化和多样性。

在室内设计中，织物与灯光的搭配是非常重要的。织物受光后会发生漫反射，视觉上给人柔软温和的感受。这种反射效果使得织物在空间中起到了柔和线条、丰富层次的作用。同时，不同厚度、粗糙度和颜色的织物所具有的光学性能也不同，因此在选择照明时需要以具体实物为考虑依据。

二、材料的质感与肌理

在餐厅装修设计中，材料的质感与肌理是两个至关重要的要素，它们对于营造独特的空间氛围和传达设计理念具有举足轻重的作用。

质感，简而言之，就是人们对材料表面的触觉和视觉感受。这种感受源于材料的粗细、软硬、光滑与粗糙等物理特性。当顾客走进餐厅，他们的手触摸到桌面，脚踏在地板上，这些直接的接触都会带来对材料质感的深刻体验。因此，选择合适的材料质感对于塑造餐厅的整体氛围至关重要。例如，如果想要营造一种轻松、自然的氛围，可以选择木质材料，其天然的纹理和温暖的触感会让人感到舒适和放松；而若追求高贵、典雅的风格，则大理石、玻璃等光滑、冷硬的材料更为合适。

肌理，则是指材料表面的组织纹理结构。这些纹理可以是天然形成的，如木材的年轮、石材的晶体结构；也可以是人工制造的，如金属表面的磨砂处理、布料的编织图案等。肌理不仅影响材料的外观美感，还在一定程度上决定了其使用性能。在餐厅装修中，巧妙地运用不同的肌理可以创造出丰富的视觉层次和触觉体验。例如，在墙面上使用具有粗糙肌理的材料可以增加空间的深度感，而光滑的玻璃或金属表面则可以反射光线，提亮空间。

质感与肌理在设计中是相互补充、相互作用的。它们共同作用于人的感官，营造出独特的空间氛围和风格特色。因此，在选择装饰材料时，我们必须综合考虑其质感与肌理的特点，确保它们与餐厅的整体定位和设计理念相契合。只有这样，我们才能为顾客创造一个既美观又舒适的用餐环境。

三、材料的环保性与耐用性

在餐厅装修过程中，材料的环保性和耐用性是衡量其性能优劣的两个核心标准。对于商业空间而言，这两大指标的重要性不言而喻，它们不仅关乎餐厅的长期运营效益，还直接影响到顾客的用餐体验和对品牌的认知。

环保性，即材料在生命周期内——从生产、使用到废弃——对环境产生的负面影响最小化。在环保意识日益增强的今天，选择环保材料已成为餐厅装修的必然趋势。例如，新型环保材料如烧结页岩砖和 PP 板（聚丙烯）以其无毒、无味、可回收等特点受到广泛青睐。烧结页岩砖利用可再生资源制成，不含有害化学物质，且在生产和使用过程中均不会释放有害气体，完全符合现代环保标准。而 PP 板则以其优异的可回收性和环境友好性在装修领域占有一席之地。

耐用性则是指材料在长期使用过程中能够保持其原有性能和外观的能力。对于餐厅这种高频使用的商业空间来说，材料的耐用性尤为重要。优质的耐用材料不仅能减少因频繁维修和更换带来的额外费用和时间成本，更能确保餐厅长期保持一致的装修风格和品质。例如，烧结页岩砖因其出色的耐磨、耐火、耐候和耐腐蚀性能而被广泛应用于餐厅地面和墙面的装修；同样，高质量的地板、涂料和家具等也能经受住时间的考验，长期保持如新。

因此，在餐厅装修材料的选择上，我们应始终坚持环保与耐用并重的原则。通过选用既环保又耐用的材料，我们不仅可以为顾客创造一个健康、舒适的用餐环境，还能有效降低餐厅的运营成本和维护难度，从而实现经济效益与社会效益的双赢。同时，这也是对可持续发展和绿色建筑理念的积极践行，有助于推动整个餐饮行业的绿色转型和可持续发展。

四、餐饮空间材料选用原则

在餐饮空间设计中，材质选择对塑造空间性格至关重要。主题餐厅须选用与理念相符的材质，但并非高档高价就能达到理想效果，关键在于发挥材质美感，满足基础功能的同时营造氛围。设计师需了解材质的物理特性，如隔音、隔热等，并确保其美感与空间内涵相契合，满足用餐者的视觉审美需求。

（一）强度

材质的强度，特别是耐磨和防撞击性，在餐饮空间设计中是极其重要的考虑因素。由于餐饮空间的使用频率高，特别是在入口处和人员流动量大的区域，地面材料的选择尤为关键。

实用性是选材的首要原则。例如，石材和瓷砖等耐磨的高品质地面材料，因其出色的耐久性和易于清洁的特点，成为这些高流量区域的理想选择。它们不仅能承受日常的高强度使用，还能有效抵抗划痕、撞击和液体溅洒，从而保持空间的整洁和美观。此外，在选材时还需要考虑材料的防滑性，以确保顾客的安全。因此，在餐饮空间设计中，选择实用、耐磨且安全的材质是至关重要的，它们不仅能提升空间的使用性能，还能为顾客创造一个舒适、安全的用餐环境。

（二）隔声吸声性

在餐厅设计中，声音控制是一个不可忽视的要素，它直接关系到顾客的用餐体验和交流质量。由于餐厅是人流密集的场所，声音的嘈杂往往不可避免。然而，通过巧妙运用室内装饰材料，我们可以有效地改善餐厅的声环境。

科学吸音材料的应用是降低餐厅嘈杂程度、提高音质的关键。这些材料能够吸收多余的声波，减少声音的反射和传播，从而营造出更为宁静、舒适的用餐氛围。在选择吸音材料时，我们需要考虑材料的吸音性能、装饰效果以及耐用性等多方面因素。

一般来说，硬度较大且表面细腻光滑的平面，如大理石地面，对声波的反射能力较弱。这是因为这类材料表面光滑，声波在撞击时容易发生散射，而不是被集中反射。然而，要想进行更为有效的声音控制，我们还需要借助质地柔软的材料。

质地柔软的材料，如地毯、布艺以及专门的吸音吊顶和壁面材料，都是消除或减少噪声的优秀选择。这些材料内部的多孔结构能够吸收声波的能量，将其转化为微小的振动并最终消散为热能，从而达到减噪的效果。同时，这些材料还能增加空间的温馨感，提升餐厅的整体装饰效果。

（三）防水防潮易清洁

餐饮空间的清洁卫生是确保顾客愉悦用餐的基础，也是评判一个餐厅好坏的重要标准。然而，由于餐饮空间人员流动频繁，维持其清洁度需要耗费大量的人力物力。因此，在选择装修材料时，易清洁性成为一个重要的考虑因素。

对于餐厅的公共区域，如用餐区、走廊等，应选择表面光滑、不易沾染污渍、易于清洁的材料。例如，一些抗污性强的墙面涂料、耐磨且易清洗的地面材料等，都能大大减少清洁工作的难度和频率。此外，家具和装饰物的选择也应遵循易清洁的原则，以避免成为卫生死角。

厨房作为餐厅的核心区域，其内部环境的优劣直接影响到菜品的质量和安全。因此，在厨房装修时，更应注重材质的选用。墙面、地面和操作台等区域应选择防水、防油、耐高温且易于清洁的材料，以确保厨房的卫生状况符合食品安全标准。

（四）美观要求

在餐厅设计中，合理地选材是一项至关重要的任务。材料不仅需要满足功能性的需求，如耐用性、易清洁性和安全性，同时还要具备装饰性，能够美化空间并营造出特定的主题氛围。

利用不同材料来划分餐厅内的不同区域是一种常见且有效的设计手法。例如，在简洁明快的快餐区，设计师通常会选择浅色的地面砖来处理地面，这种色彩选择能够增强空间的明亮感和通透感。同时，通过在浅色地面砖上配以不同色彩的地面砖，可以进一步丰富空间的层次感，使整个区域更加生动和有趣。

对于空间较大的中高档餐厅，深色材质往往更受欢迎。这是因为深色材质能够突出稳重感，营造出一种高贵、典雅的氛围。此外，深色材质还有助于吸收噪声和减少回声，从而改善餐厅的声学环境。

在餐厅的入口和公共走廊部分，外观华贵且耐磨的石材通常是首选材料。石材的坚硬性和耐磨性使其能够承受高频率的人流和使用，而华贵的外观则能够提升餐厅的整体档次和形象。

第五节　餐饮空间配套设施与设备规划

在餐饮空间设计中，电力设备、给排水设施以及冷暖空调设备等都是不可或缺的要素，它们构成了餐饮空间正常运营的基础。这些设备设施的配置和规模会根据不同的餐饮业态和规模需求而有所差异，例如，大型餐厅可能需要更复杂的供电系统和排水设施，而小型咖啡馆则可能只需简单的设备和布局。

随着科技的进步，各种设备设施的智能化控制与管理已成为室内空间设计的发展趋势。智能化的设备不仅可以提高运营效率，还能为顾客提供更为舒适和便捷的用餐体验。然而，这些智能化设备的规划、设计及安装具备较高的专业性和技术性，通常需要由专业人员进行操作。

室内设计师在餐饮空间设计中扮演着关键角色，他们不仅需要具备深厚的美学和设计功底，还需要对相关的设备设施有一定的了解。只有这样，他们才能在设计中充分考虑到这些设备的需求和布局，确保餐饮空间设计的整体性和协调性。同时，室内设计师还需要与专业人员紧密合作，共同确保设备设施的安装和使用既符合设计要求，又能满足实际运营的需要。

一、电气设备

随着餐饮空间厨房设备电气化水平的提高、照明系统的发展以及电子智能化管理的应用，电气系统设计应综合考虑空间人员多、业态复杂、营业时间不同等行业特殊性情况，在保证系统安全的前提下，最终制定出一套安全可靠的长期性方案。

（一）电气设备分类

现代餐饮空间的电气设备可以分为强电和弱电两大部分，它们在餐饮空间的运营中各自扮演着重要的角色。

1. 强电部分

（1）输变电设备。对于规模较大、业态复杂的餐饮空间，大量的电力设备是必不可少的。在这种情况下，采用大容积变压器可以减少变压器的数量，从而节省配电室的空间，并为未来的电力增容预留空间。此外，考虑到餐饮空间在夜间和日间的电力需求变化，增设分线用断路器以及预留电力设备布线用竖井的空间都是十分必要的。自备发电设备、高峰断电策略以及利用夜间低价电力的储热槽等方案，也都是为了在满足餐饮空间电力需求的同时，尽可能地减少开支。

（2）电气照明设备。电气照明是餐饮空间中不可或缺的一部分，它通过将电能转化为光能，为用餐者营造一个舒适、愉悦的就餐环境。根据餐饮空间的经营业态和氛围营造需求，可以采用一般照明、局部照明和混合照明相结合的方式，以达到最佳的照明效果。

（3）电子设备。随着智能化技术的不断发展，越来越多的电子设备被应用到餐饮空间中。这些设备包括燃气泄漏报警装置、应急照明设备、空调及照明的智能控制系统以及智能防盗防火设备等，它们不仅提高了餐饮空间的安全性和舒适性，也提升了餐饮空间的管理效率和服务水平。

2. 弱电部分

弱电部分主要包括电信电话设备、收银系统、管理及点菜系统的自动化设备、网络系统以及安保系统等。这些设备和系统构成了餐饮空间的"神经系统"，它们负责信息的传递、处理和管理，确保餐饮空间的正常运营。例如，电信电话设备可以确保餐饮空间内外的通信畅通；收银系统、管理及点菜系统的自动化设备可以提高服务效率和准确性；网络系统可以为顾客提供 WiFi 等网络服务；而安保系统则可以确保餐饮空间的安全和秩序。

（二）综合布线

在餐饮空间设计中，线路的布线方式需要特别关注。合理的布线方式不仅能确保电力的稳定供应，还能保障空间的安全性，同时也便于日后的维护和管理。

明敷设和暗敷设是两种常见的布线方式。明敷设是将线路置于保护体内，如管子或线槽，然后敷设于墙壁、顶棚表面或抹灰层内。这种方式便于施工和维护，但可能会影响到空间的美观性。而暗敷设则是将线路置于保护体内后，敷设在墙体、楼板层等内部，这种方式不会破坏空间的整体美观，但施工难度和维护成本可能会相对较高。

具体的布线方式还包括金属管布线、塑料管布线、线槽布线、桥架布线和竖井布线等。金属管布线和塑料管布线主要用于保护电线免受损坏，同时也起到防火的作用。线槽布线则适用于多条电线的集中敷设，可分为金属线槽和塑料线槽两种。桥架布线主要用于电缆数量较多、较集中的情况，敷设时需注意距地面的高度以及采取防火措施。

竖井布线是一种用于多层和高层建筑的强电及弱电垂直干线敷设的方式。在确定竖井的位置和数量时，需要考虑多种因素，如建筑规模、用电负荷性质、供电半径、建筑物的沉降缝设置以及防火分区等。为了保障安全，竖井不得与电梯井、管道井并用，同时应避免邻近烟道、热力管道及其他散热量大或潮湿的设施。

二、给排水设施

餐饮空间的设计不仅要考虑美观和实用性，还必须高度重视给水与排水系统的规划。这是因为，无论是厨房的烹饪操作、食材清洗，还是餐厅的日常清洁和卫生维护，甚至是顾客的洗手需求，都离不开稳定、安全的水源供应。同时，有效的排水系统也是确保餐饮空间干燥、清洁，防止污水积聚和异味产生的关键。

在给水方面，设计师需要根据餐饮空间的业态、规模和楼层高度等因素，选择合适的给水方式。例如，在高层建筑中，可能需要采用屋顶水箱或压力水泵供水方式，以确保水压稳定；而在多层建筑中，直接由市政水道供水可能更为合适。此外，冲厕用水和厨房用水可以通过双系统管线分开供应，这样不仅可以提高用水效率，还能在备有雨水收集系统的餐饮空间中，将经过简单处理的雨水用于冲厕，从而实现水资源的节约利用。

在排水方面，厨房是餐饮空间排水设计的重点区域。除了设置必要的排水沟和滤油器以处理烹饪过程中产生的废水和油污外，还需要考虑如何合理布置排水管线，以便在设备设施使用过程中方便安装和维修。同时，为了防止污水倒流、异味和害虫的侵入，各种排水器具上应安装具有相应功能的水封或防臭阀。此外，卫生间的排水系统也应与厨房分开设置，以确保各自排水的独立性和安全性。

三、暖通设备

在餐饮空间的设计中，依据《采暖通风与空气调节设计规范》（GB 50019—2003）和《公共建筑节能设计标准》（GB 50189—2005）等设计标准，暖通设备的设计是确保就餐环境舒适、安全和节能的重要环节。这包括通风系统设计、空调系统设计以及供热系统设计。

首先，通风空调系统的设计需要根据设计功能条件和建筑布局特点来制定。在就餐区，通风口的布局应考虑到顶棚的装饰风格和要求，合理地分区设置进风和回风空气处理机以及排风机。这样的设计可以满足各功能区独立调节的需要，确保整个餐饮空间具备良好的通风环境。同时，厨房的排风量应大于补风量，处理后的油烟通过局部排烟罩排出，而补风则来自处理过的新风和一部分自然风。

其次，供热系统的设计也是餐饮空间暖通设计的重要组成部分。在我国，供热方式主要分为两种：一种是以北方为代表的传统冬季供热方式，利用蒸汽或热水为热源；另一种是以南方为代表的电能空调设备调节室内温度。由于前者受季节和建筑类型的限制较多，且只有供热一种方式，因此在餐饮空间中常采用空调设备来调节室内温度。空调设备可分为集中式中央空调和独立式分体空调两种，它们分别设有供冷和供热两种设置方式。在进行空调设备规划时，需要根据空间特点和用途来设置，并注意以下几点：①出入口应减少外部空气的进入，可考虑设置风帘、风斗等设施；②顶棚的造型、高度、形式等应与空调设备相配合；③使用中央空调时，须按功能区进行分区控制；④空调设备周围应留有一定的空间，方便维修和清扫；⑤空调设备应设置在室内中轴线部位，以保证空气流通并避免家具的遮挡。

四、消防设施

在餐饮空间的设计中，防火安全是至关重要的考虑因素。为确保就餐环境的安全性，必须依据《建筑内部装修设计防火规范》（GB 50222—2017）、《高层民用建筑设计防火规范》（GB 50045—2021）、《自动喷水灭火系统设计规范》（GB 50084—2017）以及《火灾自动报警系统设计规范》（GB 50116—2013）等相关标准，对餐饮空间进行不同防火分区的划分，并配置相应的灭火设施和设备。

在进行防火设计时，需要注意以下几个要点：

第一，根据餐饮空间内部的环境特点，合理设置火灾探测器。感温探测器、感烟探测器或红外光束感烟探测器都是有效的火灾探测设备，它们能够及时发现火灾迹象并发出警报，为人员疏散和火灾扑救争取宝贵时间。

第二，应将可能产生火灾、火患的设备设置在耐火极限较高的材料作为墙体的建筑空间内。这样即使发生火灾，也能在一定程度上减缓火势的蔓延速度，降低火灾对人员和财产的危害程度。

第三，对于面积较大、通道较多的餐饮空间，在布局规划过程中应采用耐火极限较高的防火墙将大空间划分为多个防火分区。这样能够有效避免火势及烟雾的蔓延，将火灾损失控制在最小范围内。根据规定，地上层每个防火分区的最大允许面积为1000m²，地下层每个防火分区的最大允许面积为500m²。

第四，餐饮空间应设置联动控制台，实现对消火栓系统、自动喷淋系统、排风系统、防火卷帘门、应急照明系统以及电梯运行等的手动或自动联动控制。例如，用于防火隔离的卷帘门在火灾发生时能够迅速落下，阻止火势蔓延；而用于逃生通道上的卷帘门则分两次落下，确保人员能够安全撤离。此外，应急照明系统应采用两路电源供电，并设置区域集中的蓄电池组作为备用电源，以保证在断电情况下仍能连续供电不少于45min。同时，在主要通道、交叉处等关键位置设置疏散指示灯和一定数量的应急照明灯，确保火灾发生时顾客能够迅速找到安全出口并快速撤离。

课后习题

1. 分析餐饮空间功能空间规划与流线设计。
2. 简述餐饮空间色彩设计的视觉心理效应。
3. 结合一家餐厅，论述餐饮空间中色彩设计的应用。
4. 讨论餐饮空间照明设计的具体要求。
5. 简述餐饮空间材料选用的原则。
6. 概括餐饮空间设计的配套设施与设备规划。

第四章

餐饮空间设计流程与实施步骤

第一节　餐饮空间设计主题的确立与创意构想

　　餐饮空间设计主题的确立与创意构想的形成是一个综合性的过程，涉及市场调研、品牌定位、主题选择、创意发展以及顾客体验等多个方面。这个过程旨在创造一个独特且引人入胜的餐饮环境，以吸引目标顾客群体并提供独特的用餐体验。

　　首先，通过市场调研和分析，了解目标顾客群体的需求和偏好，以及竞争对手的优劣势。这有助于确定餐厅的品牌定位和差异化特点。其次，根据品牌定位和目标顾客群体的特征，选择适合的设计主题。主题可以是基于某种文化、历史、自然、艺术或其他创意元素，旨在营造独特的用餐氛围和提供独特的用餐体验。在创意构想阶段，将设计主题转化为具体的创意概念和空间规划。这包括运用色彩、材质、家具、装饰等元素来营造与主题相符的氛围，并设计独特的空间布局和特色元素，以增强品牌的辨识度和吸引力。同时，考虑顾客的体验是至关重要的。从顾客的角度出发，设计符合主题的服务流程和互动体验，以提供令人难忘的用餐经历。这可能包括特色菜单、定制饮品、互动表演等。在确立主题和形成创意构想时，还需考虑可持续性和环保因素。选择环保材料和节能设备，设计易于维护和可循环利用的空间和家具，有助于减少对环境的影响。最后，制定预算和时间表，确保项目能够按时完成并在预算范围内。同时，收集顾客反馈和专家意见，对设计方案进行及时调整和优化。通过这个过程，可以创造出独特且具有吸引力的餐饮空间，提升顾客体验，增强品牌形象。

一、餐饮空间设计主题的来源与提炼

　　餐饮空间设计主题的来源与提炼是设计过程中的关键步骤，它决定了空间的整体氛围和顾客的用餐体验。主题的来源广泛多样，可以包括地域文化、国际元素、自然主题和艺术创意等。设计师需要从这些来源中汲取灵感，并对其进行深入的提炼和加工，以创造出独特而富有吸引力的餐饮空间。

　　提炼主题是一个抽象和创造的过程。设计师需要从具体的主题来源中提取出关键

元素和符号，运用设计手法和技巧将其转化为具有视觉冲击力和艺术美感的设计语言。同时，提炼过程中也需要考虑顾客的体验和感受，确保设计出的空间能够与顾客产生情感共鸣，提供舒适、愉悦的用餐环境。

二、餐饮空间设计概念的深化与完善

餐饮空间设计概念的深化与完善是一个综合性的过程，它要求设计师对初步设计概念进行持续的迭代和优化，以确保最终设计方案的成熟度和可实施性。这一过程不仅仅是对设计元素的简单细化，更是对设计理念的全面升华。

在深化设计概念时，设计师需要对各个设计元素进行细致入微的考虑。空间布局要合理，色彩搭配要和谐，材料选择要恰当，家具陈设要别致。这些元素不仅要符合整体设计概念的要求，更要能够凸显出设计主题的特色和魅力。同时，设计师还需要充分考虑餐饮空间的功能需求，确保各个功能区域能够高效、顺畅地运作，为顾客提供舒适、便捷的用餐环境。

在完善设计方案时，设计师需要保持开放的心态，积极收集来自各方的反馈意见。这些意见可能来自行业专家、目标客户群体等利益相关方，他们从不同的角度对设计方案提出宝贵的建议。设计师需要认真倾听这些意见，对设计方案进行必要的调整和优化。这种互动和沟通的过程有助于设计方案更加完善，更加符合市场和顾客的需求。

三、餐饮空间设计定位

在餐饮空间的设计过程中，考虑市场定位、客户群体需求以及选址是非常重要的。这些因素将直接影响餐厅的经营状况和盈利能力。

首先，市场定位是餐厅设计的基石。通过明确形象定位、产品定位、价格定位和服务定位，餐厅能够塑造独特的品牌形象，满足特定顾客群体的需求和偏好。形象定位涉及餐饮空间的视觉形象和心理形象，包括建筑外观设计、内部装饰风格以及餐厅的级别和档次。产品定位则关注餐厅的特色和类型，以及提供的餐饮服务和规模。这些定位因素将为设计师提供明确的设计方向。

其次，深入了解目标消费群体是设计成功的关键。不同的消费群体对餐饮空间有着不同的期望和需求。因此，在设计之前，对目标消费群体进行细致的调查和研究是至关重要的。这包括分析客户的收入、生活方式、教育程度、年龄、职业和消费心理等因素，以揭示他们的行为和心理特征。同时，还需要判断客户群体的消费动机，无论是商务宴请还是朋友聚会，都需要设计出符合其需求的餐饮空间环境。

最后，选址也是决定餐厅成功与否的重要因素之一。一个好的选址可以带来更多的客流和盈利机会。在选址时，需要考虑地区经济、文化环境、自然环境、竞争状况以及地点特征等因素。例如，选择在经济繁荣、文化发展迅速的地区开设餐厅，可能会有更多的潜在客户。同时，优美的自然环境和浓郁的文化氛围也可以提升餐饮空间的品质。此外，了解竞争对手的经营情况和市场定位，可以避免恶性竞争，并利用互补作用提升自身的竞争力。

餐饮空间的设计需要综合考虑市场定位、客户群体需求和选址等多个因素。通过明确的市场定位、深入的目标消费群体分析和科学的选址策略，可以打造出独具特色且符合市场需求的餐饮空间，为餐厅的成功经营奠定坚实的基础。

第二节　餐饮空间设计基本程序与步骤

餐饮空间设计应在理性而明确的设计目的指导下，遵循一定的步骤和方法，循序渐进地展开设计。在设计过程中，要合理安排设计步骤，主动协调各方面关系，充分满足服务对象需求。

一、设计前期准备

在设计筹划准备阶段，需了解甲方设计需求，拟订具体设计计划，收集相关设计资料，并对资料进行研究和分析。

（一）调查分析现场情况

调查分析现场情况包括了解甲方需求、项目定位、经营理念、顾客分析、安全要求等。

（二）考虑各因素与餐厅的设计配合

考虑各因素与餐厅的设计配合包括现场实地测量验尺，场地与土建图纸核对，对空调、消防、排风、电器等设备及采光情况要有明确记录。

（三）对周边环境要有充分认知

掌握周边环境情况，并进行相关设计资料的收集与分类。周边环境情况包括土建周边环境（道路、建筑、景观、气候等），以及周边人群的生活方式、消费水平等方面。

（四）确定时间跨度及时间节点

在现实工程中，由于时间控制及管理不够，导致工程项目无法按时交付而造成经济损失的案例屡见不鲜，因而尽快确定工程项目节点表，尽早锁定项目时间和预算就显得尤为重要。严格遵守预定时间，根据计划跟踪进度，通过资源协调、调整工作顺序等方法保证进度目标的完成。

二、初步设计阶段

经过前期的筹划准备阶段，开始正式进入餐饮空间设计创作阶段。这个阶段将前一阶段中的分析结果发展成为空间功能关系、平面布局、空间尺度、透视草图、设计模型等方面的系统表达。将甲方的要求与设想形成具体文字，以图纸和项目计划书的形式确定，并经甲方认同批准后进入下一阶段工作。

（一）确定设计概念及主题风格

设计概念与主题风格的确立是餐饮空间项目设计切入的重要一环，设计概念是设计的精髓所在，而主题风格则是设计最为显著的性格特征，设计概念及风格要素的提取和重构是对设计的具体诠释。每一个餐饮空间项目，都可以从不同的构思概念进行设计，从而达成风格迥异的空间设计效果。目前阶段由于项目正处于概念创意阶段，设计师应结合筹划准备阶段资料，根据甲方喜好、需求及投资情况，在设计素材及现有优秀案例中寻找相关意向资料，为甲方提供参考。设计师不必拘泥于细节，可以从概念设计的主要特征方面提出多套方案以备选择，并以提案的形式与甲方进行沟通。

（二）依据空间功能布局平面图

一个使用功能合理的餐饮空间设计案例，主要是在平面图的绘制过程中完成的。通过对餐饮空间"动""静"两种空间使用模式的反复推敲与论证，将其转化为合理的交通面积与有效的使用面积。功能区的划分是平面布局的第一步，设计师在平面布局阶段不仅要根据项目功能及功能之间的关系进行合理划分，还要考虑客观而理智的动线设计，并通过不同颜色来进行区别，消防设施、高尺度家具、采暖通风类型等功能技术因素对平面布局也有一定的影响。在分析的过程中可依据大量平面功能草图来解决在设计过程中的各种矛盾，经过反复的对比最终得到符合功能要求的平面布置图，为下一步由平面向立体空间设计转化做好准备。

（三）设计方案透视及立面草图

设计师在此阶段只需将头脑中的想法通过视觉化语言表达出来，不必太在意方案草图的观赏性及准确性，重要的是如何能快速记录概念创意，以方便与他人的交流与深化。但在汇报过程中，应尽量表达完善。

（四）汇审、修改、定案

设计师在这个阶段应与甲方讨论方案的修改意见及方案的完善。

三、深化设计阶段

对获得甲方认同的设计草图和图纸进行深入开发，通过方案效果图的直观表达给人以最真实的印象，在经甲方审定合格后就可进入施工图设计阶段。在设计施工阶段，为确保设计意图更好地得到贯彻，在施工之前应进行施工交底并对相关图纸进行核对，在施工结束后应进行设计评估。

（一）方案设计

方案设计包括各主要空间效果图及外观效果图。效果图的表现通常采用电脑三维制图的方式表达，图面效果的好坏会影响方案的表现，但它不是方案成功的决定因素，设计本身才是方案设计中最重要的因素。

（二）深化设计

深化设计包括立面图、天花图、灯位图、节点图、机电系统图（包括室内给排水、电气照明、空调暖通等）、消防及监控系统图（包括消防喷淋、防火分区、防火墙、闭路监控电视等）。施工图是标准化的工程语言，不仅是设计意图的深化表现，也是施工及成本核算的重要依据。在系统施工图中，不仅要标注准确的尺寸信息，还要标出装饰材料、表面处理方法及结构工艺等信息。系统施工图通常采用电脑 CAD 软件绘制以保证其准确性，具有可修改、可复制、可储存等优点，而小型工程也可采用手绘制图与现场沟通相结合的简易方法。

（三）选定材料

选定材料包括根据施工预算及设计方案图纸中所标明材料的品牌、型号、颜色、规格等信息，选择相应的实物样板。材料实物样板对整个装饰工程项目的质量、预算、装饰效果都起到十分重要的作用，最终在项目中使用的装饰材料应在外观、品质、规格等方面符合实物样板的要求。

（四）跟进施工

跟进施工，包括施工进场、施工交底、跟进施工及施工验收。从理论上讲，工人施工可依据完善的施工图来进行，但为确保施工过程准确无误，通常由设计师就设计理念、完工效果及图中未表达清晰的材料、结构、细部尺寸等内容与工程技术人员做现场"交底"交流。交底过程最好有详细的核对表格，并对双方最终确认的要点及细节问题进行文字记录。设计师在跟进施工工程中，可根据现场实际情况及甲方要求对方案进行适当调整，保证项目最终顺利验收。

（五）选定家具和装饰陈设

选定家具及装饰陈设包括家具、装饰陈设、灯具等的定制及采购。

（六）设计评估

设计评估是设计过程中的重要组成部分，除考察设计是否符合相关评估标准及使用要求外，更重要的是考察设计能否达到甲方预期效果及顾客对环境和设施使用的真实反馈等，从而为设计师进一步完善设计方案积累经验。

1. 简述餐饮空间设计的基本程序与步骤，并说明每个步骤的重要性。

2. 论述餐饮空间设计主题的确立与创意构想的形成过程。

3. 设计一个餐厅的空间设计方案，要求包括设计前期准备、方案设计与比较、施工图设计与深化等步骤，并展示设计成果。

第五章

特色餐饮空间的设计

第一节　中餐厅

一、中餐厅设计的现状及发展趋势

（一）中餐厅设计的现状

自 20 世纪 80 年代起，我国餐饮空间设计开始迈入真正的发展阶段。当时，高档餐厅主要嵌套于饭店、宾馆之内，其服务对象以外国宾客为主。鉴于当时室内陈设物品相对匮乏，设计的重点主要聚焦于墙面、地面及天花板等界面的装饰处理。所选用的装饰材料价格昂贵且品种单一，导致整体装饰效果显得厚重而缺乏变化。在这一时期，除了专门接待外国宾客的中餐厅会融入传统元素进行设计外，大多数中餐厅仅能满足基本的用餐功能需求。

随着改革开放的逐步推进，我国经济实力与人均消费水平得到了显著提升，物质的极大丰富也促进了人们精神文化生活的发展。餐厅的角色逐渐从单纯的用餐场所转变为品尝美食、享受氛围的社交空间。在这一体验式消费趋势的推动下，中餐厅开始越来越注重空间意境的营造。室内设计理念也从过去的强调界面硬装饰转变为注重氛围营造的软装饰。针对不同消费群体和经营不同菜系的主题文化餐厅、风味餐厅及民俗餐厅应运而生。这些餐厅巧妙地将设计与餐饮特色相结合，追求形式、功能与服务的完美融合，进一步激发了消费市场对空间意境的强烈需求。

然而，当前我国中餐厅设计面临着多方面的挑战。一方面，受西方文化和设计理念的影响，中餐厅设计呈现出国际化的现代风格趋势，服务理念也受到国外快餐文化的冲击。尽管如此，人们开始逐渐认识到本土文化的重要性，并在设计中积极寻求与传统元素的融合与创新。另一方面，餐饮空间设计的发展呈现出明显的两极分化现象。具有特色的中餐厅往往集中在高档场所和繁华地段，成为高消费的象征，与大众消费路线渐行渐远。而面向大众市场的餐厅设计则相对滞后，难以满足日益多样化的消费需求。此外，从沿海到内地、从大城市到小城市，中餐厅室内设计的发展水平也存在显著的差异和不平衡现象。

（二）中餐厅设计发展的趋势和新特点

1. 中餐厅设计发展的趋势

随着现代生活节奏的日益加快，西方快餐文化逐渐渗透进人们的日常生活。但是，人们内心深处依旧渴望能够放慢脚步，感受生活的宁静与美好。因此，中餐厅空间意境的营造显得尤为重要。在这样的空间里，人们不仅可以品尝到美味佳肴，更能在温馨舒适的环境中放松身心，获得短暂的愉悦与宁静。这也使得餐厅成为人们喜爱的休闲去处，意境营造成为中餐厅设计的重要发展趋势。

我国饮食文化源远流长，地区差异性和多样性为中餐厅的意境营造提供了丰富的灵感来源。无论是江南水乡的清新雅致，还是北方草原的辽阔壮美，都可以成为中餐厅设计的取境之源。这也反映出中餐厅设计具有广阔的发展空间和无限的可能性。

随着大众消费时代的到来，中餐厅设计也逐渐转向满足大众需求的方向。我国餐饮业的持续增长主要得益于大众消费的推动，而目前中低档餐厅往往以价格优势吸引顾客，但在餐饮环境方面仍有待提升。因此，如何在保证菜品品质的同时，营造出舒适宜人的用餐环境，成为中餐厅设计面临的重要挑战。

节约资源和减法设计也是中餐厅设计中不可忽视的因素。在考虑成本的同时，意境的营造需要综合考虑空间布局、界面处理、陈设摆设等多个方面的整体效果。这就要求设计师在设计过程中去粗取精，选材经济环保，扭转过去好餐厅必然高消费的固有观念，让更多人能够享受到高品质的中餐体验。

2. 中餐厅设计的新特点

中餐厅空间意境的营造，实质上是对空间进行深度诠释与灵魂赋予的过程。它借助现代的材料与技术手段，紧密围绕特定主题，构建出一种虚实相生、情景交融的空间体验。随着人们审美与需求的不断发展，中餐厅设计日益呈现出个性化与多样化的趋势。其主要设计特点表现在以下几个方面：深入挖掘餐饮空间所蕴含的文化内涵，并巧妙地将其融入设计之中，以营造出独特的意境氛围；对传统元素进行创新性应用，既保留其独特的文化韵味，又使之与现代审美相契合；综合运用新材料与新技术，为空间带来更加丰富多元的视觉与感官体验。

二、中餐厅空间设计内容

由于不同国家和民族的文化背景迥异，中国与西方国家在餐饮方式及习惯上存在显著的差异性。总体而言，中国人重视群体与人情，偏好在圆桌围坐的环境中共同进餐，营造出一种热闹而富有气氛的餐饮体验。值得一提的是，"中餐"这一概念本身就极具宽泛性，因为中国是一个由多个民族组成的国家，各民族在饮食上的地域性差异显著，从而孕育出丰富多样的饮食文化。

在中餐厅的室内空间设计中，传统装饰符号的运用成为一种常见的手法，以此来装饰和塑造空间的独特性。例如，藻井、宫灯、斗拱、挂落、书画以及传统纹样等装饰元素，被巧妙地融入饰面设计中，既彰显了中国传统文化的韵味，又丰富了空间的艺术层次感。此外，中国传统园林艺术的手法也被灵活地运用到空间划分中，如小桥流水、内外沟通等设计元素，不仅巧妙地组织了空间布局，更为餐厅营造出一种浓郁的中国传统餐饮文化氛围。

（一）中餐厅的外观设计

在现代餐饮空间设计中，中餐厅的外观设计已经超越了古典式传统形象的局限，逐渐倾向于展现简洁明快的现代风貌。通过精心打造的外部形象和餐厅标识，中餐厅能够有效地呈现其独特的主题和特色。由于标识在视觉传达上的重要性，它能够给行人和驾车经过的顾客留下深刻的印象。因此，在中餐厅的设计过程中，应当注重创造一个与餐厅标识相协调的标志性象形文字或图像。设计师可以巧妙地将餐厅名字或象形文字融入中餐厅的外立面装饰中，从而起到吸引和提醒顾客的作用。

此外，为了进一步强化餐厅的标识并突出中餐厅的特色形象，外部装饰通常采用原色或点缀具有民族特色的灯具。这些装饰元素不仅提升了餐厅的视觉效果，还能够与周围环境相协调，营造出一种独特的文化氛围，吸引更多顾客前来体验中餐厅的魅力。

（二）中餐厅的室内空间功能分区设计

从整体功能分区来看，中餐厅一般除了用于婚宴、寿宴等活动的大厅外，还应有一些相对独立的小空间，为顾客提供一个相对私密的就餐环境。此外，餐厅中还应含有大小不同、数量不等的包间，用于满足更为私密的就餐要求。从营业面积的分配上来看，规模较小的中餐厅包间可能只有两三个，而对于大型的中餐厅包间，面积和档次也分得更细。下面是一个典型的中餐厅平面图。该餐厅在大厅有收银台、酒水展柜、辅助用房等。此外，除了零点餐厅外，还有大小不同的包间，有些包间具有一定的灵活性，可以通过推拉门隔成独立的两间包房或把两个包间合成一个大间，面积稍大的包间都设有独立卫生间和备餐间。这些包间在设计和布局上充分考虑了顾客的需求，提供了更加舒适和专享的用餐体验（图5-1、图5-2）。

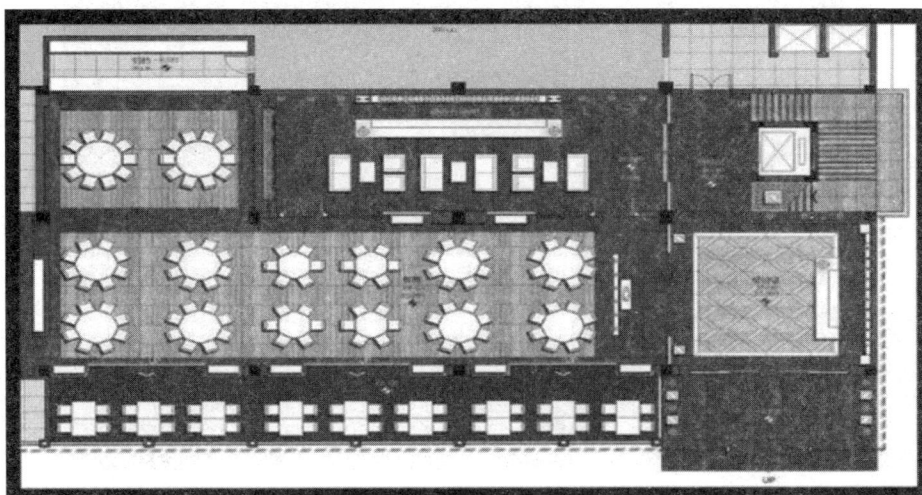

图 5-1 中餐厅平面图（1）

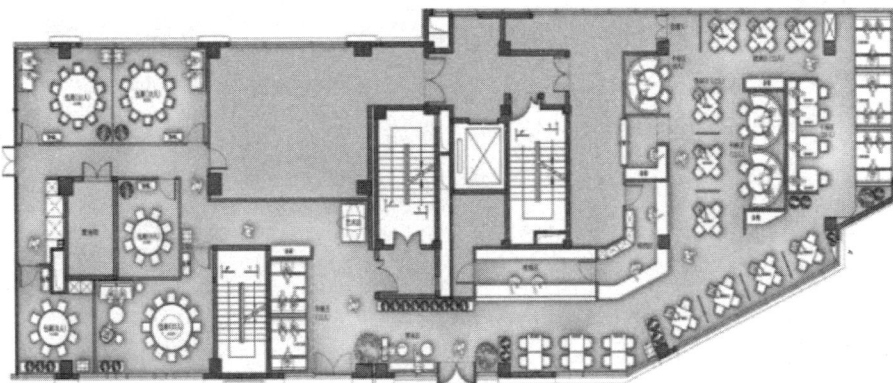

休息区；散座区（110 座）；10 人包厢区（2 间）；8 人包厢（2 间）；

12 人包厢（1 间）储藏间；收银区；明档区；厨房（62+37+20m²）

图 5-2 中餐厅平面图（2）

1. 入口门厅

作为一个关键的由外向内过渡性空间，入口门厅在功能上承载着人流集散的重要作用。同时，这个区域也为顾客提供了一个临时的休憩、候餐以及等人的场所，通过精心的设计，能够有效地帮助顾客提前融入就餐的氛围，提升他们的整体用餐体验（图 5-3、图 5-4）。

图 5-3　中餐厅入口门厅（1）

图 5-4　中餐厅入口门厅（2）

在入口门厅的家具配置上，常见的选择包括沙发、茶几等，这些家具不仅实用而且能够为空间增添一份舒适与温馨。对于规模稍大的中餐厅而言，设置咨客台已经成为一种标配。咨客台是服务人员迎接顾客的重要据点，其主要功能是将顾客引导至相应的座位，确保用餐过程的顺畅进行。一般而言，咨客台并不承担收银的功能，而是应该设置在靠近前门、易于被顾客发现的位置，这样可以提高服务效率，优化顾客的用餐体验。

2. 就餐区（图 5-5、图 5-6）

（1）大厅。

大厅作为中餐厅的核心就餐空间，主要承担零点餐厅的角色，负责接待散客以及举办各类宴会活动。在大厅内，散座区以圆桌为主，根据人数需求设有八人桌、十人桌以及最大的十二人桌，以满足不同规模的聚餐需求。在举办宴会时，圆桌的布局会相对集中，以营造出热闹喜庆的氛围。此外，一些餐厅在室外大厅的显眼位置还特设龙凤台，寓意"龙凤呈祥"，为婚宴、庆典、寿宴等场合增添吉祥和喜庆的元素。

图 5-5 中餐厅就餐区（1）

图 5-6 中餐厅就餐区（2）

（2）卡座区。

与大厅的集中布局形成鲜明对比的是卡座区。卡座区通常位于大厅周边较为安静的区域，如靠近侧窗或角落。这些区域设有四人和六人席位，通过屏风、栏杆、镜面等隔断形成相对独立的空间。卡座区的地面设计也可能与大厅有所区别，通过高低错落的手法来划分功能区，营造出一种"闹中取静"的独特氛围。

（3）包间。

包间是中餐厅中最具私密性的就餐区域，主要服务于家庭聚餐或特殊顾客群体。根据面积大小，包间可分为小型、中型和大型三种。小包间可容纳八至十人同时就餐；中型包间则额外配备一个舒适的沙发组供顾客休息；大型包间则可满足十二至十四人的大型聚餐需求，并设有专门的备餐间。备餐间一般面积为 3 ~ 4m²，配备有放菜的台面以及电饭煲、微波炉等设备，确保菜品的及时供应和保温。此外，大型包间还在入口处设有独立的洗手间，为顾客提供便利。为了满足更多的就餐人数需求，一些大包间还可灵活设置两个餐桌，并通过可活动隔断实现空间的灵活分隔。

（4）备餐台。

备餐台是贯穿整个就餐区的重要设施之一。通常设计为高约 1m、宽约 0.5m 的柜子样式，用于存放餐具、酒具、纸巾、牙签、菜单等物品。备餐台的布局需根据餐桌分布来设置，一般分散布置在靠墙、靠柱且方便服务员使用而又不影响交通流向和座席布置的地方。对于小型和中型包间而言，每间通常配置一个备餐台以满足服务需求。

3. 收银区

收银区通常位于大厅入口附近以便于顾客结账和咨询。除了承担收银功能外，收银区还兼具提供酒水的功能。收银台的长度根据餐厅规模而定以确保服务效率；收银台后方则设有酒水柜用于陈列各种酒水和饮料供顾客选择；同时柜台与酒柜之间保持一定距离以便于服务员在其中活动并提供优质服务。

（三）中餐厅的装饰与陈设设计

中餐厅所营造的氛围极为多元，既能彰显欢庆祥瑞的热闹气息，也能展现清新优雅的静谧情调。因此，在空间氛围的精心打造与选材运用上需格外讲究。在空间分隔设计上，可巧妙融入中国传统元素，如隔扇、落地罩、屏风、花格、线帘等经典构件，以及景窗、景门等墙面装饰，均可为空间增添独特韵味。在选材上，建议以天然石材、木材、竹材、砖瓦等为主要材料，借助其天然质感，营造出温馨舒适或冷清高雅的空间色调。

1. 陈设品

鉴于中国地域文化的丰富多样性，中餐厅的陈设应与特定地域文化和菜系特色相契合。陈设主题可广泛涉及文物古迹、名山大川、地方特产、风土人情以及名人轶事等多元内容。在陈设品类上，绘画、雕塑、民间工艺品、趣味灯具及地方特色家具等，均可为餐厅增添独特的文化魅力。

2. 家具

家具作为餐厅陈设的核心要素，其选择和搭配至关重要。桌椅的形态和材质应延续传统家具的精髓，如木质、藤质或竹质座椅皆为优选。同时，在装饰性灯具的选择上，古典宫灯和落地灯等中式风格灯具可为主流选择；也可结合现代设计理念，对传统元素进行提炼与简化，创新展现中国文化的方式。最终目标是打造出既保留中式风格精髓，又不失现代审美感的中餐厅设计，并让每一家餐厅都能独特地表达其个性与魅力。

三、成都"宽三堂"中餐厅设计案例

成都"宽三堂"中餐厅（图5-7），坐落于四川省成都市的青羊宫之侧，其邻宫观青羊宫，享有"川西第一道观"之美誉，更是中国道教宫观中的璀璨明珠。青羊宫的历史底蕴深厚，其渊源可追溯至周朝，当时名为青羊肆。而后，唐僖宗在蜀中避难之时，曾以此地为行宫，并诏令更名为青羊宫，倾注心血进行修缮，使其逐渐成为道教文化的圣地。

本案的设计理念，汲取自道家哲学经典《老子》的精髓。道家哲学中，有云"谷神不死，是谓玄牝。玄牝之门，是谓天地根。绵绵若存，用之不勤"，这句话深刻揭示了生命的起源与延续，强调了自然与生命之间的和谐共生。在"宽三堂"中餐厅的设计中，设计师充分融入了这一哲学思想，以道家文化为灵魂，打造出独具一格的餐饮空间。

图5-7 成都"宽三堂"

当道家的千年传统与现代设计理念交相辉映，眼前的红色玻璃连廊仿佛化身为一条飘逸的丝带，轻盈地环绕在这片神圣的土地上，将历史与未来的脉络紧密相连。放眼望去，每一处细节都洋溢着东方的诗意与现代语境的交融之美。

本项目设有东、南两个主要入口，其中南入口（图5-8）作为社会通道，坐落于成都市繁华的一环路旁，紧邻青羊宫地铁站，是整个空间的起始点。此入口设计灵感源于道家哲学中的"无极之境"，象征着混沌初开、万物未分的原始状态。在这里，"无极之境"不仅寓意着空间的起始，更代表着一种超越有形界限的无限可能。

图5-8　南入口

庭院（图5-9）作为项目中"谷"理念的核心体现，慕达建筑团队以"天圆地方"为设计理念，巧妙地在二层增设室外平台。平台边缘流畅的曲线与红色的玻璃栏杆相映成趣，形成一道独特的风景线。抬头仰望，蓝天白云与绿树成荫的美景尽收眼底。而一层的方形庭院则通过精心造景，呼应着"一池三山"的传统意象，展现出道家思想的深邃与广阔。

图5-9　庭院

设计团队通过多样化的造景手法，将自然景色融入建筑之中，营造出一步一景、移步换景的奇妙体验。中庭水景的结构钢柱序列巧妙地重组了游人的视线，而弧形旋转楼梯则巧妙地将一楼与二楼空间串联起来，让游客能够全方位地欣赏到青羊宫的美景。

包间外，青羊宫的古塔巍然屹立，百年银杏古树枝繁叶茂。空间色调以温暖的木色和纯净的白色为主，灵活的木格栅推拉门使得内外空间相互渗透，与青羊宫的景色形成和谐的呼应。一层和二层均设有连续包间，二层包间顶部采用坡屋顶元素塑造出独特的木纹弧顶，彰显出东方美学的韵味。包间之间通过可移动隔断进行灵活划分，满足不同的使用需求。软装设计简洁大方，既保证了空间的秩序感，又凸显出整体设计的精致与细腻（图5-10）。

图 5-10 包间

茶室（图5-11）的吧台空间围绕着一颗高大的银杏树，树叶在室内舒展，打破了自然与空间的界限。茶室内设置三个层级的矩形镂空吊顶，以木色为主基调，中间区域置入发光膜作为主照明，营造出舒适而宁静的光氛围。朝向青羊宫一侧的滑轨门可以完全旋转打开，外摆区可作为咖啡甜品区使用，增强了室内与院外的自然景观互动。

图 5-11 茶室

项目与青羊宫仅一墙之隔，东入口（图5-12）作为与青羊宫的衔接点，设计灵感源于"众妙之门"。这一入口巧妙地赋予原本简单的空间以丰富的层次感，形成一条连接历史和当代的时空隧道。一侧是承载着深厚文化底蕴的青羊宫，另一侧则是融合了未来东方精神与传统文化的当代空间，"众妙之门"巧妙地将时间与空间相连。

图5-12　东入口

道家"谷"的意象所蕴含的"虚"与"无"在此项目中得到了完美的体现。透过这种虚空性，我们不仅能够看到建筑的过去与现在，更能预见其未来的无限可能。它并非只存在于某一个时间节点，而是以一个整体时间段的形式存在，这正契合了"太一""太谷"等东方哲学观，即从整体角度去看待和描述事物的发展。谷本无形，而空间则应运相生，展现出一种超越时空的美学境界。

第二节　西餐厅

一、我国当代西餐厅发展现状

在经济迅猛发展的时代背景下，人们的生活节奏日益加快，对于就餐空间的需求也随之水涨船高。随着我国与世界各民族交往的不断深入，西餐厅作为一种独具特色的餐饮形式，已经在我国蓬勃发展并壮大。各具特色的西餐厅吸引了不同消费群体的喜爱，成为一种备受追捧的时尚餐饮方式。与此同时，丰富多彩的西方饮食文化也为我们带来了与中国传统餐饮文化截然不同的全新体验，让人们在品尝美食的同时，也能感受到不同文化之间的碰撞与融合。

（一）西餐厅在我国发展历程

西餐厅在我国的发展历程，随着中外文化的交流与融合，可大致划分为以下几个阶段。

1. 第一阶段：起源与初步传入

早在 17 世纪，随着传教士的到来，西餐文化开始在中国萌芽。据历史记载，顺治帝年间，备受尊敬的传教士"汤若望"曾以西餐款待京城官员，开启了西餐在中国的初步传播。而到了 19 世纪中叶，鸦片战争的爆发使得中国门户洞开，大量西方人涌入，西餐也随之在各大通商口岸城市逐渐扎根。

2. 第二阶段：上层社会的风尚与全盛时期

进入 20 世纪三四十年代，西餐文化在中国经历了大规模的传播与发展。特别是在发达城市，西餐成为上层社会的一种风尚，去国际饭店享用西餐也成为当时流行的社交方式之一。这一时期，西餐在中国的传播达到了前所未有的全盛时期。

3. 第三阶段：曲折发展与重新崛起

中华人民共和国成立后，西餐在我国的发展一度受阻。20 世纪 70 年代后，西餐再次成为年轻人社交的重要场所。改革开放后，中国经济开始复苏，西餐也迎来了新的发展机遇。1983 年，法国时装大师皮尔·卡丹在北京开设了第一家中外合资的纯正巴黎风格西餐厅"马克西姆"，这标志着西餐在中国的新起点。在 20 世纪最后几十年里，众多西餐品牌陆续进入中国，如北京的法国福楼西餐厅、美国的星期五等。同时，本土化西餐业也开始崛起，以平价西餐连锁店为首的企业呈现出快速发展的态势。

4. 第四阶段：多元化趋势与中国特色西餐厅的形成

在经济全球化和文化多元化的背景下，各国餐饮文化相互渗透和交融已成为一种趋势。我国的西餐厅以舒适的环境、精美的器皿、精致的菜品和周到的服务而享誉全球。各具特色的西餐在中国已经成为一种时尚的餐饮方式。同时，受我国餐饮文化的影响，融入中国的西餐厅在设计上发生了显著变化。在装饰风格、空间划分等方面都融入了中国的文化内涵，形成了独具中国特色的西餐厅。这些餐厅不仅为消费者提供了多元化的餐饮选择，也促进了中外文化的交流与融合。

（二）我国当代西餐厅现状分析

在文化多元化和经济全球化的背景下，各种特色餐饮文化相互交融，使得西餐厅在中国市场也呈现出多元化的发展态势，深受不同消费群体的喜爱。目前，我国西餐厅数量已突破 2 万家，其中西式正餐占据 3200 多家，并且呈现出迅猛的发展势头。除了北京、上海、广州、深圳等一线城市外，天津、杭州、福州、武汉、重庆、石家庄、南昌甚至乌鲁木齐等地也展现出强劲的增长趋势。

以我国的首都北京为例，这座城市汇聚了来自世界各地的人们和多元的文化。在这里，不同风格和特色的西餐厅琳琅满目。例如，马克西姆餐厅以其"浪漫优雅、古典时尚"的氛围著称；充满俄罗斯风情的餐厅被北京人亲切地称为"老莫餐厅"；还有被誉为"百姓消费得起的西餐厅"的大地西餐厅。同时，受到中国传统餐饮文化的影响，一些西餐厅也逐渐融入中国元素，形成独具特色的中式西餐厅，如北京的茉莉餐厅、阿根廷庄园、新侨诺富特饭店的春晓西餐厅等。

在上海这座国际化的都市中，无论是历史悠久的衡山路领馆广场还是新兴的新天地，都汇聚了众多独具特色的西餐厅。其中，德大西餐厅和红房子西餐馆等拥有悠久历史；而新天地亚科音乐餐厅、墨西哥餐厅、米氏西餐厅、帕兰朵意大利餐厅等则以其别具一格的设计和文化气息吸引着广大消费者。

通过对大量资料和实际调研的归纳与分析，可以发现我国西餐厅在室内设计上主要可分为三种类型：传统经典的完美西餐厅、现代时尚的西餐厅以及本土化的西餐厅。

传统经典的完美西餐厅大多保留了原产国的文化内涵和饮食特色，在设计风格、元素等方面均展现出传统的设计韵味，为顾客营造出浓郁的西方欧洲古典文化氛围。以位于北京西城区崇文门的马克西姆餐厅（图 5-13）为例，其室内设计和装饰几乎完全复刻了巴黎原版马克西姆餐厅的风格。精致的桃花木贴板、鎏金藤条图案的墙壁装饰、古典的欧洲壁画以及幽美的玻璃窗设计，仿佛将顾客带回到了 19 世纪的法国宫廷之中；而餐厅内芬芳的玫瑰、柔和的灯光以及经典的音乐，则进一步彰显了欧洲传统文化的浪漫与优雅。

图 5-13 北京西城区崇文门的马克西姆餐厅

现代时尚的西餐厅则更多地运用现代设计理念和创新元素，通过简洁的界面处理、现代材料和技术手段的运用以及传统欧式元素的提炼与融入，打造出极具现代感和时尚氛围的用餐空间。例如上海的雅克红房子法式餐厅（图5-14）便是一个典型案例。这家由法国设计师雅克·波赛尔（Jacque Pourcel）和罗兰·波赛尔（Laurent Pourcel）兄弟联手打造的餐厅位于红房子顶楼，整体设计现代且时尚。大面积的落地窗让自然光线充分洒入室内；简约的造型、木质地板和现代灯饰的运用则营造出轻松愉悦的用餐氛围；同时，经过提炼和简化的传统欧式元素如桌椅造型、地毯图案等也被巧妙地融入其中，使空间在保持现代感的同时又不失高贵与优雅。

图5-14 雅克红房子

相对而言，本土化的西餐厅设计则更注重对本土消费者和餐饮习惯的分析与理解，通过创新的设计手法将西餐文化与中国元素有机结合，打造出符合中国市场需求的创新型西餐厅。然而目前这类案例相对较少，尤其在正餐西餐领域中更为稀缺。未来随着我国餐饮市场的不断发展和消费者需求的持续升级，相信这一领域将有更广阔的发展空间和潜力等待挖掘。

二、西餐厅设计内容

西餐在食材的选择上极为考究，所用餐具无不精美细致，用餐环境则深幽雅致，因而备受追求生活品质之士的青睐。作为慢餐文化的典型代表，西餐恰到好处地满足了这部分人群对精致生活的向往。高端的西餐厅在设计上往往采用法式风格，其装潢奢华而典雅，对餐具、灯光、陈设乃至音响等细节都极为注重。在这样的餐厅中，宁静的氛围与高雅的情调被突出展现，为顾客营造出一种尊贵而舒适的用餐体验。与中餐相比，顾客在西餐厅的用餐方式存在显著差异。西餐通常采用分餐制，餐桌以2～6人座位的方桌或长方桌为主，这与中餐厅常见的6～12人围餐式圆桌形成鲜明对比。此外，西餐厅的内部布局多划分为相对私密的小空间，以营造宁静的用餐氛围，这与中餐厅追求热闹、团聚的氛围大相径庭。这些独特的用餐方式和环境设计,使得西餐成为一种独具魅力的餐饮文化。

(一)西餐厅的外观设计

西餐厅的外观设计因其类型和目标市场的差异性而呈现多样化特点。对于倾向于连锁经营模式的餐厅而言,选择具有较高可识别性的建筑风格将显著提升其竞争优势。特别是在繁华的市区中,通过巧妙的设计手法营造出闹中取静的用餐环境尤为重要。带有落地窗的设计不仅为室内引入自然光线,还允许行人一窥餐厅内部的就餐氛围,从而激发潜在顾客的好奇心与探索欲。

(二)西餐厅的室内空间功能分区设计

西餐厅的空间设计,涵盖了酒吧区、表演区和就餐区等多个功能区域,每个区域都需根据西餐文化中对安静、优雅环境的追求,进行细致的空间划分与独立性考虑。

就餐区,作为西餐厅的核心部分,其布局和配置尤为关键。大型就餐区中央常设表演区,周围则通过精心设计的花槽、栏杆、帷幔或高靠背沙发椅等元素,巧妙地划分为多个相对私密的用餐小区。这种布局既保证了顾客在用餐过程中的私密性,又丰富了空间层次。同时,餐桌之间的距离、椅子摆放位置以及走道宽度等细节,都经过精心计算,以确保顾客和服务员的行动流畅无阻。

在提升顾客体验方面,西餐厅也下足了功夫。恒温的室内环境、恰到好处的音响音量以及烘托氛围的灯光设计,都旨在为顾客打造舒适愉悦的用餐体验。表演台的设置更是锦上添花,其位置、面积和高度都经过精心规划,以确保多数顾客能欣赏到精彩的表演。台面材料的选择和顶棚的吸声设计,也都体现了对细节和品质的追求。

酒吧区在西餐厅中扮演着多重角色,它既是独立的饮酒场所,也可作为总服务吧台或等座区使用。酒吧的规模、吧台和吧凳的数量都根据其在餐厅中的具体作用而定。同时,酒吧区的位置选择和隔断设计也充分考虑了顾客群体的划分和互不干扰的原则。

西餐厅的空间设计是一门综合艺术,它既要满足功能需求,又要体现文化品位和审美追求。通过精心规划和细致设计,西餐厅成功地为顾客打造了一个优雅、舒适且充满魅力的用餐环境。

(三)西餐厅装饰与陈设设计

1.装饰设计

在装饰风格上,西餐厅通常采用西式古典元素,如柱式、拱券、山花以及精致的线脚,以彰显其独特的西式格调。顶棚设计灵活多变,有时巧妙地悬吊特殊材质的装饰物,为就餐环境增添别样的氛围。地面则常选用色调沉稳的石材与木材,局部铺设地毯,以提升空间的舒适度与质感。

2. 照明设计

西餐文化强调慢餐体验，因此照明设计尤为重要。西餐厅多采用漫射照明和间接照明方式，较少使用吊灯，而更多地利用灯槽、筒灯、射灯和壁灯等照明工具。餐桌上常摆放烛台，营造出更加幽静的用餐环境。此外，巧妙地运用镜子可以扩大空间感，为顾客带来更加宽敞舒适的用餐体验。

3. 陈设设计

西餐厅的家具造型以舒适为主，多选用软质沙发和竹椅等家具，营造出轻松自在的氛围。墙壁上则常挂有西式古典油画，为空间增添艺术气息。此外，在一些角落摆放古典雕塑，能进一步强调空间的独特个性和文化氛围。

4. 细节

西餐厅在细节方面同样精益求精，特别注重餐具和酒具的摆放。台布通常采用单色设计，如纯白、墨绿、暗蓝等色调，以凸显餐具的精致与高雅。这种对细节的关注和处理，不仅提升了用餐的舒适度，也展现了西餐厅对品质的追求和尊重。

三、杭州 La Bottega 西餐厅设计案例

La Bottega 餐厅坐落于一条绿意盎然的小径，两侧簇拥着中式茶馆与历史建筑，蜿蜒的小巷将顾客引向一处充满意大利风情的后院，其间更有一方露天平台，俯瞰湖面，景色宜人。设计灵感源自意大利的手工业与工艺空间，致力于将传统经典与现代前卫元素相融合，为这一空间注入全新的活力（图 5-15）。

图 5-15 La Bottega 餐厅入口

餐厅所在的街区与建筑本身，散发出浓郁的历史气息，奠定了整体设计的基调。在尊重与保留原有历史感的同时，设计师巧妙地融入个性元素，营造出温暖而独特的意大利工艺美学氛围。绿色拱形窗户（图 5-16）点缀于传统灰色砖墙之外，使得自然光柔和地洒满室内，为空间增添了一抹生机。木制斜屋顶保留了其原始的结构之美，新增的天窗不仅提升了空间的通风效果，更带来一种轻松愉悦的氛围。

图 5-16　绿色拱形窗户

　　特别定制的大地色调木制长椅，在开放式空间内灵活布局，形成大小不一的餐位，既满足了不同顾客的用餐需求，又使得整个空间呈现出一种和谐统一的美感。这些温暖柔和的元素与混凝土墙面和几何木地板相互映衬，形成了一种独特的视觉效果。

　　空间的另一侧，吧台与比萨制作区（图 5-17）别具一格。黑白瓷砖与大理石台面的柜台设计，展现了意大利美食文化的深厚底蕴。吧台后方的货架上琳琅满目的葡萄酒和意大利农产品，开放式橱柜中整齐叠放的盘子，共同营造出一种轻松惬意的休闲氛围。

图 5-17　吧台与比萨制作区

　　La Bottega 的品牌定位年轻、俏皮且前卫，在设计中充分体现了这一理念。新潮的艺术品以最传统的方式悬挂于墙上，既彰显了历史的厚重感，又增添了一抹趣味。这种新旧融合的设计理念贯穿整个空间，使得 La Bottega 餐厅成了一个既能感受历史韵味又能体验现代风尚的独特场所。

第三节 主题餐厅

一、主题餐厅的概念与特点

在文艺创作领域，主题被视为作品的灵魂与核心，它通过具体的艺术形象展现作品的中心思想，也被誉为作品的主题思想。一个优秀的文艺作品必然蕴含着鲜明且深刻的主题，这是作品引人入胜、耐人寻味的关键所在。在创作过程中，题材的精挑细选、人物的立体塑造、情节的巧妙安排、结构的严谨组合以及语言的锤炼修饰，都是为了更加贴切、生动地表达这一核心主题。这一主题不仅集中体现了作者对所描绘生活的独到见解与情感评价，更深刻地反映了作者的阶级立场与世界观。

同样地，在新时代的餐饮行业中，要想在激烈的市场竞争中脱颖而出，餐厅也必须积极打造鲜明、独特的主题。这不仅仅是装饰风格的选择或是菜单的设计，更是一种从内到外的文化塑造和品牌打造。因此，深入理解"主题餐厅"的概念、基本内涵及其本质特征，成为了餐厅在创设主题时的首要任务。这不仅涉及餐厅的整体定位、对目标客户群的精准把握，更包括对餐厅文化、服务理念和营销策略的全方位考虑与规划。

（一）主题餐厅的含义

主题餐厅，作为一种独特的餐饮形态，其核心在于通过一系列精心策划的历史或其他主题元素，为顾客打造一个别具一格的餐饮体验空间。这类餐厅不仅提供基础的饮食服务，更在环境营造、产品设计、服务流程等各个环节中，始终贯穿既定的主题元素，从而创造出一种鲜明、独特的经营氛围。从餐厅内的装饰色彩、造型布局，到菜品的创意呈现，乃至员工的服饰态度，无一不为主题服务，共同构建出一个易于识别、引人入胜的主题环境。

主题餐厅的"主题"可视为一种独特的创意焦点，它可以是某个特定的历史时期、地域文化、艺术流派，甚至是某种抽象的概念或情感。例如，旧上海的三十年代风情、好莱坞的默片时代魅影、中美洲的热带雨林奇景或披头士的摇滚乐精神等，这些丰富多样的主题元素为餐厅提供了无尽的创意灵感。顾客在这样的主题环境中用餐，仿佛穿越时空隧道，暂时忘却尘世的纷扰，享受一场异国情调的美食之旅。特别是对于追求个性与新鲜感的年轻客群而言，这种充满创意与想象力的主题餐厅无疑具有强大的吸引力。

然而，值得注意的是，主题餐厅与特色餐厅虽然在一定程度上存在交集，但二者并非等同概念。特色餐厅通常以其独特的招牌菜品或某种特色服务而著称，而主题餐厅则在此基础上更进一步，通过全方位的主题文化深度开发和环境营造，将特色元素融入到餐厅的每一个角落。以世界知名的热带雨林餐厅和硬石餐厅为例，它们不仅以独特的菜品和装修风格吸引顾客，更通过一系列与主题相关的文化活动和体验，让顾客在享受美食的同时，感受到浓厚的主题文化氛围。

可以说，主题餐厅是特色餐厅的一种升级版或深化版。它不仅仅满足于在菜式上的创新和突破，更致力于在环境、服务、文化等多个维度上打造全方位的特色化和鲜明化。在这样的餐厅中，顾客不仅可以品尝到美味佳肴，更能沉浸在一个充满创意与想象力的主题世界中，享受一场别开生面的餐饮体验。

（二）主题餐厅的本质

从主题餐厅的内涵出发，我们可进一步分析主题餐厅的本质。主题餐厅的本质可以从以下两方面来把握：

1. 主题的本质是差异

相较于传统的大众餐厅，主题餐厅在市场竞争中展现出独特的优势，其核心在于对差异化的精准把握与深度挖掘。这种差异化并非简单的标新立异，而是在确保标准化服务的基础上，通过精心策划和细致执行，使餐厅的产品与服务在各个方面都与竞争对手形成鲜明对比，从而赢得顾客的青睐。这种差异不仅体现在有形的产品上，如独具特色的菜肴、精心设计的桌椅餐盘，更体现在无形的服务上，如温馨的微笑、个性化的关照。同时，餐厅在设施设备、广告宣传、营销策划等方面也力求创新，打造出全方位、多维度的差异化竞争优势。

在确立主题时，餐厅应始终坚持以顾客为中心的原则，深入洞察顾客的需求和期望，从顾客的视角出发，挖掘具有吸引力的主题元素。可供选择的主题丰富多样，如地域文化、历史背景、艺术风格等，但关键在于主题的独特性和与顾客需求的契合度。只有那些能够触动顾客情感、引发共鸣的主题，才能真正吸引顾客，形成稳定的客源群体。

主题餐厅的成功在于其独特的主题定位和精准的市场细分。餐厅要避免盲目跟风和随大流，通过深入的市场调研和分析，明确自身的优势和劣势，选择适合自己的主题定位。同时，要善于整合各种资源，形成难以模仿的竞争优势，确保主题的稳定性和长期性。在市场细分方面，餐厅要聚焦特定的消费群体，提供符合他们需求和期望的产品和服务。不要贪大求全，而要专注于做好一块"蛋糕"，并确保这块"蛋糕"能够稳稳地掌握在手中。

值得注意的是，主题餐厅在突出主题特色的同时，并不排斥其他客源的融入。相反，通过巧妙地融入其他元素和细分市场，可以丰富餐厅的内涵和吸引力，拓宽客源渠道。然而，这并不意味着可以忽视主题的核心地位。在保持主题鲜明的同时，餐厅应注重产品和服务的质量提升，确保顾客在享受独特主题体验的同时，也能获得高品质的餐饮服务。

2. 主题的本质是文化

主题餐厅不仅是一个满足餐饮需求的场所，更是一个承载着深厚文化内涵的商业空间。其魅力源于独具特色的主题文化，无论是高贵典雅还是平民朴实，不同的文化背景为主题餐厅注入了独特的生命力。使主题餐厅在餐饮市场上独树一帜的关键在于文化的独特性、唯一性和对口性。

因此，在打造主题餐厅时，经营者需考虑以下两个要素：

首先是专业文化要求。主题餐厅应从菜肴、环境到服务都围绕一个精心挑选的主题展开，使"主题"成为餐厅的灵魂。以"太极茶道"为例，其内部环境设计深度融入了博大精深的茶文化，让顾客在品味美食的同时，也能感受到中国茶道的韵味。只有深入挖掘主题文化，并将其融入餐厅的每一个角落，才能让顾客感受到独特的氛围和魅力。

其次是形象文化要求。主题餐厅的氛围营造离不开员工的参与和形象的塑造。从总经理到服务生，都应深入了解并热爱餐厅的主题文化，以便更好地传递给顾客。同时，餐厅的形象设计也是至关重要的。无论是门前的装饰、内部的布局还是音乐的选择，都应与主题文化相契合，营造出独特的氛围。以京城使馆区的酒吧街为例，各家酒吧都通过巧妙的形象设计，展现出不同的文化氛围和特色。

（三）主题餐厅的特点

作为一种与众不同的餐厅，主题餐厅的特点绝不仅仅局限于"主题"。

一般，一个相对成熟的主题餐厅应具备以下特点：

1. 鲜明的主题特色

鲜明的主题不仅是主题餐厅的立足之本，更是关乎其持续发展的核心竞争力。一旦主题得以明确，餐厅的所有经营活动都应紧紧围绕这一主题展开，从而营造出独特且引人入胜的氛围。

首先，餐厅的外观设计应深刻体现主题内涵，形成强烈的视觉冲击。以某家美国"恐怖"主题餐厅为例，其采用冷硬的岩石作为外墙材料，正中位置悬挂一个栩栩如生的骷髅头装饰，入口处的墙壁上还斜钉着一个巨大的人头雕塑。两位恐怖的门卫——一位侠客装扮与一具身穿警服的骷髅架——在幽深的灯光映衬下，更是构成了一幅令人毛骨悚然的画面。

其次，餐厅内部的装修装饰及餐饮用具也需与主题高度契合，彰显个性特色。在"恐怖"主题餐厅中，木头与皮革的装饰素材随处可见，墙壁上挂满了来自世界各地的奇异战利品，如狮身人面像、动物头颅等。更为引人入胜的是，餐厅内会突然出现各种穿着不同时期服装的"骷髅"，为用餐体验增添一抹惊险刺激的色彩。餐具方面，可选用具有历史感的"出土文物"样式，进一步增强主题的沉浸感。

此外，服务人员的服饰也是营造主题氛围的重要环节。在"恐怖"主题餐厅中，服务人员可能会化身为宇航员、科学家、考古者乃至精神病院的患者等角色，通过服装与造型的变换，为顾客带来别具一格的视觉体验。

听觉元素同样不容忽视。背景音乐应选择能够凸显主题的素材，如深夜的脚步声、猛兽的嚎叫声等，以营造出与"恐怖"主题相呼应的氛围。同时，餐厅还可以安排紧扣主题的小节目或表演，如惊悚魔术、恐怖故事讲述等，进一步强化顾客的沉浸式体验。在菜肴选择、菜名菜单设计以及营销口号上，也应始终贯穿主题特色，使顾客在用餐的每一个环节都能深刻感受到主题的魅力。

主题餐厅的经营活动需全方位考虑主题的融入与展现。无论是视觉、听觉还是味觉上的呈现，都应通过精心设计和巧妙布局来再现和强化主题特色。以美国著名的星期五餐厅（图 5-18）为例，其通过古旧装饰、休闲背景音乐以及富有情趣的用餐环境等多种手段来展现"休闲"主题文化的独特魅力。从店名到软硬件设施都无不透露出轻松愉悦的休闲气息，使顾客仿佛置身于一个充满童真与欢乐的休闲世界之中。

图 5-18　美国星期五餐厅

2. 浓厚的文化内涵

在餐饮市场中，存在着三个层次的竞争模式，它们分别是价格竞争、质量竞争和文化竞争。首先，价格竞争是最基础且普遍的竞争方式。餐厅通过低价策略吸引消费者，以价格作为生存和发展的主要资本。然而，这种竞争方式往往较为初级，缺乏持久性和差异性。其次，质量竞争是餐厅通过提供高质量的产品和服务来争取市场份额的竞争方式。在这一层次，标准化成为提高质量内涵的重要手段。餐厅通过建立规章制度、加强培训与质量控制，确保所提供的产品和服务达到一定的标准水平。一些具有前瞻性的餐厅更是致力于与国际标准接轨，以提升自身的竞争力。最后，文化竞争是餐厅借助深厚、独特的文化内涵来取得市场优势的竞争方式。在这一层次，差异化和主题化成为文化竞争的核心卖点。随着旅游业的发展，文化性已成为其重要性质之一，作为旅游业重要组成部分的餐厅，其文化性的特点也日益凸显。可以说，文化性是餐厅的活力源泉，也是其持续发展的关键因素。

事实上，餐厅本身就蕴含着深厚的文化底蕴，从菜肴设计、菜单制作到餐厅内部装饰和布置等各个环节，都透露出浓厚的文化气息。这为餐厅开展文化竞争提供了坚实的基础。现代消费者选择餐厅不仅是为了满足口腹之欲，更重要的是追求一种精神上的享受和文化上的体验。从某种意义上说，消费者来到餐厅是在购买文化、消费文化、享受文化。

作为主题餐厅，其文化性要求更为突出。主题本身就是一种文化的体现，选择某项主题就意味着选择了经营某种特定的文化。这种文化将贯穿于餐厅经营的方方面面和全过程，为消费者营造独特的文化氛围和体验。例如，在上海有一家以"30年代"为主题的餐厅，通过营造浓郁的怀旧氛围和提供与主题相关的文化活动和菜肴，成功吸引了众多消费者前来体验。

在餐饮业的发展过程中，文化性竞争的重要性日益凸显。没有文化底蕴的餐厅将难以在激烈的市场竞争中立足，更谈不上具备持久的竞争力。因此，追求文化底蕴和文化含量已成为餐厅竞争的共同行为。只有不断挖掘和深化文化内涵，才能在激烈的市场竞争中脱颖而出，赢得消费者的青睐和忠诚。

3. 高利润、高风险

主题餐厅的显著特色体现在其"双高"属性上，即高利润与高风险并存。

首先，由于其主题的独特性和差异性，餐厅在定价策略上拥有更大的主动权，从而避免了成为价格被动接受者的命运。鲜明的主题色彩意味着产品更能满足某类顾客的特定偏好，进而增强顾客忠诚度，降低其他产品的替代性。这种忠诚度使得顾客对价格变化的敏感度降低，有助于餐厅在市场上建立稳固的垄断地位，进而获得可观的垄断利润。

然而，高利润往往伴随着高风险。主题餐厅的市场定位高度细分，目标顾客群相对狭窄，主要服务于对该主题有特殊偏好的顾客。为了凸显主题，餐厅通常需要在氛围布置、菜品设计等方面进行深层次的开发和设计，形成完整的主题套餐。这种深度和专注度导致餐厅在面临转型时面临巨大的退出壁垒，一旦主题选择失误或经营策略不灵活，就需要从头开始。

此外，餐饮产品的"非专利性"特点使得竞争对手的进入壁垒相对较低。当主题餐厅的经营之道得到市场认可并获得高额利润时，竞争对手往往会迅速涌入，导致主题的快速泛化和平庸化。这些因素共同构成了主题餐厅经营中的高风险因素。

4. 专门化的从业人员

相较于普通餐厅，主题餐厅对从业人员的要求远不止于掌握基本服务技能。主题餐厅的成功与否，关键在于能否深入、全面地展现其独特的主题内涵。因此，从业人员不仅需要具备扎实的专业知识，还必须深入了解与主题相关的各种文化背景和常识。

以美国科罗拉多州丹佛的一家硬币主题餐厅为例，该餐厅以介绍世界各国、各个历史时期的硬币为特色，几乎将整个餐厅打造成了一个生动的"硬币博物馆"。在这样的环境下，服务人员不仅要熟悉日常的餐饮服务流程，更必须精通各种硬币的相关知识。当顾客对某个硬币产生兴趣或疑问时，服务人员应能像专业博物馆解说员一样，详尽而准确地解答顾客的疑惑，提供令人满意的服务体验。如果服务人员对硬币知识一无所知，那么顾客对餐厅的整体印象必然会大打折扣。

因此，主题餐厅在人力资源管理方面，包括招聘、培训和考核等环节，都需要设置更高的标准。从业人员不仅要是服务提供者，更要成为餐厅主题文化的有力传播者和重要载体。只有这样，主题餐厅才能真正做到让顾客在享受美食的同时，也能沉浸在浓郁的主题文化氛围中，从而实现餐厅的独特魅力和市场竞争力。

5. 个性化的消费对象

主题餐厅的消费群体是经过市场高度细分后精心选择的，他们中除了少数出于好奇心的顾客外，大多数都对餐厅的主题有着明显的偏好和热情。正所谓"物以类聚，人以群分"，主题餐厅实质上成为了一个集结了兴趣相投、爱好相近、拥有共同语言的人群的社交场所，它不仅仅是一个用餐的地方，更带有一种"沙龙"的氛围和特质。

在这里，顾客们追求的不仅仅是味蕾的满足，更是一种精神上的共鸣和认同。例如，在摇滚主题餐厅中，顾客们往往对摇滚音乐怀有深厚的情感，他们将这里视为一个能够找到知音、分享激情的圣地。

鉴于消费对象的个性化和特殊性，主题餐厅在深入挖掘主题内涵时，必须时刻关注并满足这些独特顾客群体的个性化需求。餐厅可以通过策划和组织一系列与主题高度契合、能够触动顾客情感深处的特色活动，来进一步巩固和拓展其客源市场。这样的活动不仅能够增强顾客对餐厅的归属感和忠诚度，还能够有效地将餐厅的品牌形象和文化理念传递给更广泛的社会公众。

6. 忠诚型的客源构成

美国经济学家雷切海德和赛士尔在《哈佛商评》上撰文指出，企业最忠实的顾客往往也是为企业带来最多利润的顾客。这一观点在主题餐厅的经营中得到了淋漓尽致的体现。由于主题餐厅具有鲜明、独特的主题特色，因此吸引了大量对该主题感兴趣的消费者。只要这些顾客在第一次用餐时获得了良好的体验，他们就很可能会再次光顾，这种高度的忠诚度正是源于顾客对餐厅主题的喜爱和兴趣。

与普通餐厅的回头客不同，主题餐厅的忠实顾客不仅对餐厅的菜品和服务有着高度的认同，更对餐厅的主题有着共同的热情和兴趣。随着时间的推移，这些顾客逐渐形成了类似俱乐部性质的、具有共同兴趣的消费群体。这种群体凝聚力使得顾客在面对环境、菜品或服务上的小瑕疵时，不会轻易放弃对餐厅的忠诚。只要他们对主题的兴趣不变，就会持续光临和消费。

吸引这些顾客的不仅仅是餐厅的地理位置、菜品质量和服务水平等传统因素，更重要的是餐厅独特的主题氛围和志同道合的顾客群体。因此，从某种意义上说，主题餐厅更像是一个具有特定性质的"沙龙"，其"会员"相对稳定且志同道合。这种独特的经营模式和顾客群体为主题餐厅带来了持续的竞争优势和丰厚的利润。

二、主题餐厅的情景营造与设计手法

（一）主题餐厅的情景营造

1. 空间布局

在面对不同的空间形态时，人类会体验到不同的情感与认知反应。在主题餐饮空间的设计中，这种空间知觉感尤为重要，因为它直接影响到消费者的用餐体验和情感共鸣。要在空间布局上巧妙地运用人的空间知觉感，从宏观的组织到细微的调整，都需要细致入微的考虑。

首先，不同形状的空间会触发不同的心理感受。比如，方体空间根据其高度和宽度的比例变化，可以带来向上拉扯、向前压迫或横向延广的感受，分别适用于不同的功能区域如门厅、通道和宴会大厅。而流线型空间则具有导向性和动感，常用于现代感和概念性强的主题餐饮空间中，以激发活力感和超现实未来感。

其次，空间的大小也会对人的感受产生深远影响。大空间往往带来震撼和庄重感，通常需要通过吊顶设计等手法来平衡其空旷感并增添亲切感。相比之下，小空间可能引发紧迫感，因此需要运用浅色和反射性材料来扩大视觉感知，创造宽敞舒适的用餐环境。

在空间布局的设计中，可以巧妙地利用室内空间室外化的错觉，激发消费者的认同感和情感共鸣。同时，将有趣的外部空间元素融入室内空间，可以增加空间的趣味性和层次感。然而，无论采用何种空间布局安排，都应服务于主题表现方式和情景体验，以强化主题的意象元素和场景重现，从而刺激消费者的情感共鸣。

如图 5-19 所示，香港 The Iron Fairies 矿坑主题餐厅通过精心设计的染土砖石、原木铁件、铁匠手凿器具和开矿设备等元素，成功地营造出一个神秘而迷幻的矿坑氛围。推开厚重的铸铁锅炉门，私密的个人包厢内摆设着磨损的皮革沙发和仿原始饰面铁片墙，伴随着爵士蓝调音符的回荡，完美地诠释了矿坑重金属工业风格的情景体验。

图 5-19　香港 The Iron Fairies 矿坑主题餐厅

此外，如果要想让产品加工过程体现主题特色，可以采用备餐区与就餐区合并的方式，将制作过程以表演的形式完整地呈现给消费者。同时，桌椅的排列应根据消费者的交往目的进行调整，以营造积极交流的氛围或保障私密性。辅助空间如文化展示厅、DIY 体验区、人性化辅助功能区和吸烟区等也应纳入整体空间布局考虑之中。

由于餐饮空间通常受到现实因素的限制，如空间大小难以更改等，设计师需要接纳现有空间的格局并发挥无限的想象力。依靠多元形式的设计手法和打破常规的视觉序列及审美标准，从而在有限的餐饮空间中创造出无限的可能性和非凡的效果。

情景体验式的主题餐饮空间设计需要不断探索多样化的变化以寻求发展，并将硬装和软装协调起来。在保证基本功能属性的前提下，应创新应用多样的设计模式和表达手法，使形式丰富多元化。为消费者设计的情景体验在主题餐饮空间中起着至关重要的作用，即情感的感受与传递。这种体验具有灵活性，可以使消费者解读出属于自己的空间意义并获得精神感悟。

以厄瓜多尔购物中心内的快乐熊猫主题餐厅（图 5-20、图 5-21）为例，设计师巧妙地运用了抽象化的中国古建筑式房梁架、红色的《清明上河图》墙面和起伏的屋顶架构等元素来打破原有单一长方形布局的乏味单调感。这些设计手法不仅增大了视觉冲击力，还制造了富于变化的空间层次和失重轻盈的氛围。光带照射进天花与墙面之间留出的空隙中，为整个餐厅营造出温馨舒适的用餐环境，吸引着消费者进入其中体验这个充满创意和情感的主题世界。

图 5-20　快乐熊猫主题餐厅（1）　　　图 5-21　快乐熊猫主题餐厅（2）

2. 材料装饰

餐厅不仅是满足人们口腹之欲的场所，更是一个重要的社交空间，承载着人们对美食与交流的双重追求。因此，出色的餐厅设计应致力于通过精心挑选的材料、巧妙的空间布局以及和谐的装饰搭配，营造出既符合餐厅定位又能满足顾客心理需求的用餐环境。

在材料的选择上，餐厅设计应摒弃华而不实的装饰，转而注重材料的质感及其与整体风格的协调性。若追求粗犷大气的氛围，细腻的大理石、金属不锈钢以及裸露的砖墙等材质都是理想的选择；而对于希望营造亲切、朴素、温馨氛围的餐厅，天然麻布、棉质、木材和藤编等自然材料则更为贴切。考虑到餐厅地面的高流动性和易污性，耐磨且易清洁的石材、地板砖成为首选。此外，设计师可灵活地在不同区域运用两种或多种材料，既增加了空间的变化性，又巧妙地引导顾客的流动。

同时，餐厅的声学环境也是设计中不可忽视的一环。建筑空间的结构、人流的嘈杂声以及装饰材料的吸音性能都会对餐厅的声环境产生影响。因此，在设计之初就应对降噪和吸声处理给予充分考虑，以确保顾客在用餐时能够享受到宁静舒适的环境。

装饰陈设作为餐厅设计的重要组成部分，不仅能够有效解决因技术和材料限制而无法完全实现的情景体验问题，更能通过精心布置的功能性和装饰性物品，增强餐厅的主题氛围和情感共鸣。功能性陈设如窗帘、屏风、隔断架等，在实用之余也为空间增添了层次感和私密性；而装饰性陈设如书法字画、艺术纪念品、雕塑装置等，则以其独特的艺术魅力和文化内涵，为餐厅空间注入了更多的个性和情感色彩。设计师应巧妙地将这些元素融入空间布局中，既能完善主体空间的设计感，又深化了餐厅主题的情景体验和情感共鸣。

3. 色彩搭配

色彩在室内设计中扮演着举足轻重的角色，它不仅是情感的传达者，更是消费者视觉印象的深刻塑造者。经过视觉系统的精细处理，色彩转化为人们对外界环境的独特感知——颜色知觉。科学研究揭示，不同的色彩能引发截然不同的情感体验：紫色的神秘与典雅，蓝色的忧郁及其与天空海洋的联想，白色的现代感与科技气息，以及红色所激发的饥饿感，都充分证明了色彩对人心理的强大影响力。

年龄也是决定色彩偏好的重要因素。儿童往往偏爱红、橘、黄等鲜艳、活泼的色相，这些色彩与他们的天性和活力相契合；年轻人则更倾向于追逐当季的流行色，体现了他们对时尚和潮流的敏锐感知；而中老年人则更偏好饱和度较低、更为柔和的颜色，这样的选择更符合他们沉稳、内敛的性格特点。

在主题餐饮空间的设计中，色彩搭配的重要性不言而喻。它不仅需要服务于特定的空间主题，更要能够通过讲述主题故事来深化消费者的就餐体验。鉴于"餐饮"这一特殊属性，暖色调因其能够增进食欲的特性而被广泛应用。然而，设计师们也不拘泥于传统，他们在交通步道等区域巧妙运用冷色调，营造出一种朦胧而富有层次的美感。随着主题的日益多样化，也有部分空间大胆采用冷色调作为主调，再辅以暖色灯光进行调节，从而打造出一种干净、稳重且充满现代科技感的氛围。

同时，色彩的应用还需考虑季节和气温的变化。例如，在炎热的夏季，冷饮店成为消费者的首选，此时，清爽的冷色调主题餐厅无疑更具吸引力。这种灵活的色彩搭配策略不仅提升了主题餐饮空间的情景体验氛围，也更好地满足了消费者的多样化需求。

然而，色彩的最终呈现并不仅仅依赖于物体的固有色。照明系统的"二次处理"在这一过程中起着至关重要的作用。通过巧妙的灯光布置，设计师们能够进一步强化或柔化色彩的效果，从而营造出更加完美的情景体验氛围。

4. 灯光布置

灯光布置在空间中的排列与调控，对人类视觉感知产生深远影响。通常，人们所观察到的环境亮度，与物体的实际亮度存在差异，这种差异源于灯光的布置与照明效果。在主题餐饮空间中，灯光布置不仅旨在提供良好的视觉可见度，更需巧妙地烘托环境氛围，为用餐者营造独特的情景体验。因此，灯光布置在主题餐饮空间的情景体验氛围营造中占据着核心地位。

要深入研究灯光布置，必须从光的来源进行探讨。光源主要分为自然光源与人造光源两种。在室内餐饮空间的设计中，多以人工照明为主，辅以适量的天然采光，以达到最佳的照明效果。自然光能为空间带来活泼明朗或宁静祥和的氛围，散发出热情与活力；而人造光则具有极强的可塑性和灵活性，能够满足主题餐饮空间中复杂多变的光影需求，为用餐者打造丰富多样的视觉体验。

在主题餐饮空间的情景体验实践中，可以引入"情景照明"的理念。这一理念强调使用者根据个人喜好和需求来调整灯光的明暗、方向、颜色等参数，以达到最佳的照明效果。例如，通过与镜面反射材料的巧妙结合，可以创造出独特的光影效果，为用餐者带来别具一格的视觉体验。在这个过程中，灯光作为一种设计语言，需要精准地处理空间中的亮度对比、光影交织以及虚实变化，从而营造出富有层次感和立体感的餐饮空间。

（二）主题餐厅的设计手法

1. 主题餐饮空间的意境重现

"意境"是中华美学中的核心概念，它是意念与境界的完美结合。其中，"意"指深邃的意念、情感或理念，而"境"则代表了一种高度凝练且富有诗意的空间或场景。这种结合形成了意境——一种能够触动人心、引人深思、回味无穷的深远意蕴与美妙境地。意境是形式、神韵、情感与哲理的和谐统一，它在虚实相生、有无相成中达到了完美的平衡。它既超乎寻常，又蕴含于寻常之中，是情感与景物交融所产生的独特美感。

在主题餐饮空间的设计中，意境重现成为了一种极具创意的空间组织方法。通过精心挑选和整理那些能够激发特定情感的形象元素，设计师能够巧妙地引导顾客的情感走向，进而使得整个空间从单纯的形式美升华为更深层次的意境美。

不同类型的主题餐饮空间在意境营造上也有着独特的追求。例如，酒店化的主题餐饮空间倾向于打造出一种精致而华美的视觉风格，传递出沉稳而高雅的情感氛围；而家庭化的环境则更注重营造轻松活泼的氛围，以动态的方式展现情感的流动与变化。此外，中西方建筑环境空间以及中国南北方建筑环境空间在意境表达上也存在着显著的差异，这种差异为设计师提供了丰富的灵感来源和创意空间。

以大理的吉姆餐厅（图5-22）为例，这家以回族菜为主打的餐厅在庭院中巧妙地种植了一棵树，外立面的夯土墙则围合着庭院，将人们聚集在一起。低矮的入口设计使得顾客在进入时必须低头，这一设计象征着谦逊与谦卑的美德。坐在庭院中的树下，顾客可以卸下沉重，留下真诚，这种独特的空间布局和设计理念共同营造了一种观品一体的美妙意境。

图5-22 大理吉姆餐厅

2. 主题餐饮空间的空间创新

主题餐饮空间作为社交互动的重要场所，其发展趋势正聚焦于增强与消费者之间的沟通质量与提升空间的情景交流体验。为实现这一目标，设计过程必须不断创新空间组织，通过变革与创造，为顾客带来丰富多样的情景体验。

空间的变化对人们的感受产生深远影响，具体表现在以下几个方面：

（1）空间层高的变化。当人们从层高较低的空间步入层高较高的空间时，会经历一种"由抑到扬"的知觉转变，这种空间层高的对比为顾客带来独特的空间体验。

（2）空间的封闭与开敞。由封闭空间过渡到开敞空间，人们会获得一种豁然开朗的视觉冲击，这种空间的变化有助于打破沉闷，提升空间的活力。

（3）空间的渗透与递进。空间的渗透与递进可以通过多种设计元素实现，如洞口、通透隔断以及新技术形式的应用。洞口设计可采用圆形、菱形、瓶子形等多种样式，有的餐厅便巧妙运用了圆拱门形式的隔断座椅，通透的隔断则有助于保持空间的连贯性与通透性。随着科技的发展，新型装饰材料如乌面玻璃等也为空间渗透提供了新的可能。

（4）空间的引导与暗示。在空间设计中，通过设立私密性空间、采用弧形转弯、对景以及光源等设计手法，可以有效引导与暗示空间的方向与功能。弧形转弯的伸展延长性具有导向作用，走道尽头和空间转折处的"对景"设计则能增加人在行进过程中的期待感。而光源的巧妙运用，如形成的光带，不仅能起到照明作用，还能有效地引导空间流线。

3. 主题餐饮空间的氛围打造

（1）娱乐互动式情景体验。

传统的商业餐饮空间已无法满足消费者日益多样化的需求，而娱乐互动式的情景体验正成为新的趋势，旨在吸引消费者深入参与并与环境进行互动。当前，在各大购物中心备受瞩目的亲子主题餐厅，通过独特的色彩搭配、童话元素、营养餐食、亲子互动DIY以及游乐场设施，为餐饮空间探索开辟了新的方向。

以福建 LAPUTAN 亲子主题餐厅为例（图 5-23），该餐厅主要面向 1 ~ 5 岁的幼儿及其家庭，提供亲子餐和儿童派对服务。在设计上，亲子餐厅的首要考量是安全性，同时也注重趣味性和创新性。除了确保用餐区域的舒适与安全外，餐厅还巧妙运用错层手法，将互动娱乐空间与用餐区域巧妙分隔，既保证了功能的独立性，又增加了空间的层次感。吧台上方的小窗口设计独具匠心，既实现了光线的自然穿透，又确保了声音的顺畅传播，为幼童打造了一个充满趣味且安全的爬行玩耍通道，半圆形软垫的点缀更增添了几分温馨与活泼。此外，餐厅还会根据时节和客户需求灵活更换主题，提供个性化的定制服务，让每一位小客人都能在这里找到属于自己的乐园。

图 5-23 福建 LAPUTAN 亲子主题餐厅

（2）艺术审美式情景体验。

高端主题餐饮空间在设计理念上正逐渐融入多元化的艺术形式，如精品作品展、小型博物馆等，旨在吸引那些追求高雅艺术品位的精英消费群体。这些空间不仅提供美食佳肴，更扮演着引领艺术审美潮流的重要角色，将艺术时尚进程融入文艺爱好者的日常生活中。顾客在用餐的同时，也能沉浸在艺术和视觉的盛宴中，享受独特的审美体验。

以坐落在佛罗伦萨市政广场上的 Gucci Garden 主题餐厅为例（图 5-24、图 5-25），这个空间被设计为一座充满幻想与自然的栖息之地。整个餐厅分为三个主要区域：艺术展示区、品牌精品店以及独具特色的主题餐厅。每个区域都充满惊喜与特色，共同汇聚成一场引领时代的盛大宣言。在艺术展示区，顾客可以欣赏到各种精选的艺术作品，感受艺术与生活的巧妙融合。品牌精品店则展示了 Gucci 的经典与创意，让顾客在品尝美食的同时，也能领略到品牌的独特魅力。而主题餐厅则以独特的设计和精致的菜品，为顾客带来一场视觉与味觉的双重盛宴。

图 5-24 Gucci Garden 品牌精品店

图 5-25　Gucci Garden 主题餐厅

（3）探索冒险式情景体验。

人类对未知的探索和对新奇的追求是永恒的内在驱动力，这种力量促使我们不断突破生活的平淡，寻求兴奋与刺激的体验。在这种背景下，探索冒险式的情景体验应运而生，以其独特的魅力吸引着人们争相体验。

山之港主题餐厅（图 5-26）便是这一趋势的杰出代表。它坐落于广西桂林天门山的壮丽景色之中，因地理位置的独特和地貌环境的奇异而备受消费者青睐。餐厅的建筑设计巧妙地融入自然环境，宛如一个凌驾于美景之上的巨大观景窗，将周围的山水风光尽收眼底。根据地理环境的特殊性，整个餐厅被巧妙地抬升，依靠坚实的地基支撑，使就餐体验更加独特和刺激。

在山之港主题餐厅，精致典雅的菜品与优美迷人的自然环境交相辉映，共同营造出一种发现、冒险和迷人的氛围。顾客在这里不仅可以品尝到美味佳肴，更能感受到一种与自然和谐共生的奇妙体验。这种独特的情景体验让人们在享受美食的同时，也满足了对新奇和刺激的追求。

图 5-26　山之港主题餐厅

（4）穿越时空式情景体验。

在情景体验式的主题餐饮空间中，我们致力于为消费者提供一种别具一格的生活方式体验，通过精心打造的空间设计和场景布置，引领消费者穿越时空的界限，营造出令人心驰神往的情景体验氛围。

以"穿越"为主题的外婆家（西溪天堂店）（图 5-27）为例，该餐厅采用独特的"内建筑"形式，将沉稳大气的钢筋架构与生机盎然的立体植物墙巧妙融合，形成强烈的视觉冲击力。载着莲叶的乌篷船与锈迹斑斑的老旧机车相互映衬，仿佛将人们从现代都市的喧嚣中带回到上个世纪的静谧时光，实现从钢筋水泥的摩登都市到小桥流水的江南温柔乡的穿越之旅。

餐厅内古香古色的青瓦片、墙面上斑驳的砖石纹理、精致的雕窗以及深棕色的复古木桌等元素，无不透露出中国古代院落的韵味与温情。这些精心设计的细节和场景布置，将中国古代院落的情景体验淋漓尽致地展现在消费者面前，让人仿佛置身于历史的长河中，感受时光的流转与文化的传承。

图 5-27　外婆家（西溪天堂店）

三、SOLEN 主题餐厅设计案例

SOLEN 主题餐厅，别名"太阳"餐厅，坐落于斯德哥尔摩市的肉类食品加工区，其历史底蕴深厚，文化气息浓郁。本案是米其林主厨亚当（Adam）和阿尔宾（Albin）与 Specific Generic 设计团队的第五次携手合作，双方共同为餐饮界带来了一次视觉与味觉的双重盛宴（图 5-28）。

图 5-28 SOLEN 主题餐厅

餐厅的主题灵感源于太阳这一自然界中的核心存在。Specific Generic 的建筑师们巧妙地将这一主题转化为建筑空间的构思，他们联想到太阳系中天体围绕太阳旋转的

壮丽景象。因此，餐厅壁炉周围的墙壁被设计成曲面形式（图 5-29），宛如天体围绕太阳旋转的轨道，为整个空间增添了一份神秘与浪漫。这种设计不仅营造出一种婉约的空间序列，更激发了顾客们的好奇心，引导他们在这独特的空间中自由探索，每张桌子都仿佛是一个独特的观景平台，为顾客们带来不同的视觉体验。

图 5-29　SOLEN 主题餐厅的曲面墙体

　　家具的选择上，设计团队汲取了北欧人简约生活方式的精髓。他们希望这些家具能够唤起人们对那些阳光明媚的旅行目的地的美好回忆。简洁的家具线条与空间中的轻松氛围相得益彰，共同营造出一种舒适而宁静的用餐环境。

　　在设计的核心理念上，设计团队始终坚持保持材料的朴实与简单。餐厅内的家具以松木为主，包括弯曲的厨师桌和木制隔墙（图 5-30），都散发着自然质朴的气息。黑色的椅子绘制了传统的蛋彩画，为空间增添了一份艺术感。而舒适柔软的皮革沙发垫则让人在用餐时倍感温馨。大型锥形吊灯则是设计师特意挑选的，它们在涂装之前被从生产线中挑选出来，保留了原始的金属光面肌理，为空间增添了一份工业风的硬朗与时尚。吧台采用不锈钢材质，壁炉和洗手池则是由经过切割的粗糙花岗岩块制成，这些材质的运用不仅提升了空间的质感，更彰显了设计师对细节的极致追求。

图 5-30　弯曲的厨师桌和木制隔墙

　　面对历史建筑，设计团队巧妙地运用了新旧对比的手法。新增的墙体采用曲面设计，与原始的正交墙体形成鲜明对比，既突出了新设计的独特性，又保留了历史建筑的韵味。新墙体的处理更为简洁干净，而旧墙体则保留了丰富的纹理，这种对比使得整个空间更具层次感。而那些具有历史意义的石柱，在光滑弯曲的新墙体的映衬下，宛如雕塑般矗立，为空间增添了一份厚重的历史感。墙面采用柔和中性的色彩，当温暖的阳光洒在白色的墙壁上时，整个餐厅仿佛笼罩在柔和的光晕之中，营造出一种温馨而浪漫的用餐氛围。

第四节　快餐厅与咖啡厅

一、快餐厅的设计

（一）快餐的概念

　　经过六十余年的全球发展，快餐业已成为餐饮市场的重要组成部分。然而，尽管其影响力日益扩大，对于快餐的明确定义仍缺乏统一的理论阐述。随着行业的迅猛发展，人们开始努力为快餐构建科学的定义，并在研究过程中发现，中西方对快餐的理解存在微妙的差异。

　　美国知名学者普莱斯（Price）对快餐的特质进行了深入剖析，提出了四个核心特征：其一，产品具有高度易腐蚀性，即制作完成后的产品保质期极短，通常仅能维持数分钟至数小时；其二，服务交付时间迅速，强调产品的快速制作与即时服务；其三，产品包装便于携带与处置，适合直接食用，且包装及餐具可轻松丢弃；其四，产品价格相对较低，具有较高的性价比。普莱斯强调，只有综合考量这四个要素，才能准确区分快餐与其他餐饮形式的本质差异。

相较于西方学者对快餐的明确定义，中式快餐的概念界定则稍显模糊，《现代汉语词典》（第 7 版）对"快餐"一词作出的解释为"能够迅速提供给顾客食用的饭食，如汉堡包、盒饭等。"事实上，"快餐"这一概念在 20 世纪 80 年代从西方引入中国，其核心在于"快"字，强调速度与便捷。在我国港澳台地区，这一概念通常被译为"速食"。为了与美式快餐相区分，我们将具有中国特色的快餐称为"中式快餐"。

中式快餐又可细分为传统快餐与现代快餐两大类别。传统快餐多为个人或小单位经营，资金投入少，家庭成员参与经营，制作技术简单，规模较小，如大排档、小吃店、移动餐车等。这类快餐注重口味独特，但在经营、服务、运作等方面缺乏明确标准，质量参差不齐，卫生条件也有待改善。

相对而言，现代快餐则是一种更为成熟、规模化的产业形态。它拥有独特的经营管理模式，致力于为消费者提供便捷、卫生、优质且价格合理的产品。

（二）快餐的特点

1. 消费群体的特点

快餐，顾名思义，是一种强调快速进餐的消费模式，它完美契合了现代人追求时间效率的生活理念。其核心优势在于显著的时间节约特性以及亲民的价格定位，这两大要素共同构筑了快餐在餐饮市场中的独特地位。

针对快餐的这些鲜明特点，我们可以清晰地勾勒出其主要消费群体的轮廓：首先是那些珍视时间，不愿在餐饮环节过多停留的消费者；其次是经济能力有限，无法承担高昂餐饮费用的群体；最后是对快餐食品或其独特餐饮体验怀有特别偏好的食客。值得一提的是，在快餐店的常客中，女性消费者占据了相当大的比例。

这些消费群体的特征不仅是对快餐本质属性的有力印证，也揭示了快餐市场巨大的潜力。为了实现快餐行业的持续健康发展，我们必须深入洞察这些主力消费群体的真实需求，并在此基础上不断优化服务体验，确保能够最大限度地满足他们的期望。

2. 经营模式的特点

（1）服务模式。

在快餐行业中，服务模式主要可划分为两大类：自助式与服务式。每种模式都拥有其独特的特点和适用场景。

自助式服务作为美式快餐文化的典型代表，强调顾客的自主选择和参与。其又可细分为排队式自助与点餐式自助两种形式。在排队式自助中，顾客需持餐盘依次经过各个食物柜台进行选择，最后统一结账并自选座位就餐。宜家购物中心的就餐区就采用此种模式，为顾客提供了广泛的食物选择和直观的成品展示。然而，这种模式在高峰时段可能会导致柜台前的拥堵和较长的等待时间。相对而言，点餐式自助则更为高效。顾客直接在柜台点餐，由服务员将订单传送至厨房，待食物准备完毕后，顾客结账并就餐。肯德基、麦当劳等知名快餐品牌多采用此模式，其优势在于点餐、制作、结账的流程一体化，显著提升了服务速度并降低了人力成本。

服务式则是一种更为传统和全面的服务模式，在中式快餐店中尤为常见。在此模式下，顾客只需在座位上等待，所有点餐和送餐工作均由服务员完成。这种模式为顾客提供了极大的便利，但同时也增加了店内的人力成本。

此外，外卖业务作为服务式的一种延伸，已成为快餐行业的重要组成部分。顾客通过电话、互联网等渠道下单，由送餐人员在指定时间内将餐品送达指定地点。尽管外卖服务为顾客提供了极大的便利性和灵活性，但由于其附加的配送成本，通常会对起送数量或消费金额设定一定要求，以确保业务的盈利性。

（2）营销手法。

根据国际专家的评估，快餐店每年的销售量相较于其他类型的餐馆平均要高出75%。为了维持这种显著的销售优势，快餐店必然采取一系列独特的销售策略。

首先，在产品开发上，每个成功的快餐品牌都拥有其标志性的产品，如肯德基的鸡腿汉堡或永和豆浆的油条、豆浆。然而，在高度竞争的市场环境中，仅仅依靠这些核心产品是远远不够的。为了保持消费者的兴趣和吸引力，卓越的快餐企业会不断地推出新产品，并扩展其产品线的宽度和深度。当新产品进入市场时，有效的宣传和推广变得至关重要，特别是在店内进行新产品的传播，以吸引潜在的消费者。

其次，客流量是影响销售额的关键因素之一。快餐店通过提供迅速的服务来吸引大量顾客。从点餐到食物上桌，整个过程通常只需几分钟，加上用餐时间，顾客在店内停留的时间大约为二十分钟，这对于时间紧迫的上班族来说是非常理想的选择。为了进一步提高服务效率，快餐店会采取多种策略，如采用前文所述的点餐式自助服务模式，以及选择设计简单、不太舒适的桌椅，以鼓励顾客快速用餐并离开。此外，店铺的地理位置也至关重要，通常选择位于繁华街道的商铺，以利用高人流量来增加客流量。

价格因素对消费者的影响同样不容忽视。快餐业的本质在于通过薄利多销来实现盈利。为了实现这一目标，商家需要在各个环节上严格控制成本。常见的低成本食材、简约的店面设计和装饰，以及品牌标准化的严格执行，都有助于降低经营成本。

最后，促销活动在快餐业中也扮演着重要角色。每当肯德基或麦当劳推出新产品时，我们总能在电视上看到吸引人的广告。据统计，快餐连锁店每年将大约80%的促销预算用于广告宣传。相比之下，中式快餐在电视广告上的投入相对较少。此外，西式快餐还通过提供儿童乐园、赠送小玩具、组织亲子活动等促销手段来吸引家庭客户。这些以人为本的经营理念不仅增强了品牌形象，还带来了可观的利润增长。

（3）品牌管理。

品牌，作为企业的核心标识，不仅代表着产品的质量、信誉和服务，更是一种对消费者的隐形承诺。在快餐行业中，品牌的每一个细节——无论是产品的品质、店内的清洁卫生、装饰风格，还是服务态度和员工的着装——都能直接地传达给顾客，形成深刻的第一印象。

为了塑造品牌在消费者心中的正面形象，快餐企业必须从细节着手，精益求精，确保每一个环节都能体现出品牌的价值和承诺。例如，肯德基通过其口号"有了肯德基，生活好滋味"成功地描绘出一幅家庭团聚、共享美食的温馨画面，深入人心。而麦当劳的"我就喜欢"则传达出一种轻松愉快的用餐氛围，与消费者建立了情感上的连接。

因此，品牌不仅是企业形象的体现，更是其独特个性的展示。通过精心打造品牌的每一个细节，快餐企业才能在激烈的市场竞争中脱颖而出，赢得消费者的信任和喜爱。

3. 店面设计的特点

快餐厅的设计远不止于满足基本的用餐需求，它更是一个融合了休闲功能与文化情趣的复合空间。在色彩环境的营造上，室内设计显得尤为重要。色彩的选择不仅要从功能性出发，还须考虑目标受众的喜好，并与企业的品牌文化相契合。一般而言，快餐厅的色彩搭配会注重冷暖相宜，明暗对比适中，避免使用过于强烈的对比色，以确保用餐氛围的舒适与宁静。

以麦当劳为例，其店面门头采用了醒目的大红色与亮黄色搭配，但在餐厅内部，则选用了柔和舒适的黄色系，为顾客营造出一个温馨宜人的用餐环境。

在空间布局上，快餐厅需要充分考虑人流的顺畅与自助式服务的特点。通常，快餐厅会把柜台设置在靠近墙壁的一端，紧邻厨房，以缩短传菜上菜的距离。顾客可以在一个较小的区域内完成点餐、取餐和用餐等多个步骤。此外，快餐厅的座位布局以散座为主，避免设置过大的餐桌，以提高座位周转率和上座率。如有需要设置儿童乐园，则通常将其安排在靠近街边玻璃窗的位置，以吸引潜在的顾客。

室内照明在快餐厅中同样扮演着重要角色。除了提供基本的光线照明外，合理的灯光设计还可以起到区域划分、突出重点和调整空间的作用。快餐厅的灯光设计通常注重均匀照明，选用黄色系的暖光源布置在天花板上，为顾客营造出一个舒适宜人的用餐氛围。

在装饰符号的选择上，快餐厅也与其他类型的餐馆有所不同。它们通常不会使用过于复杂的花纹或强烈的视觉冲击效果。美式快餐店善于运用简单的造型和色彩穿插来营造活泼快乐的氛围，而中式快餐厅则更注重色彩与形状的叠堆组合，呈现出一种现代感强又不失优雅的风格。这些设计手法的运用旨在为顾客带来最佳的用餐体验，同时也体现了快餐厅对细节和品质的追求。

（三）快餐厅设计的要求

根据前面分析研究所得，快餐是顺应时代的需求而诞生的，除了果腹，还要满足人们利用短短的就餐时间来调节心情的作用，对设计师来说更多的是承载着消费者精神层面的需求。这就要求我们在研究和了解其风格特征、市场定位、发展前景、潜在客户等之后做出合理的设计方案。在方案构思的过程中要遵循"以人为本"的原则，要知道适合顾客的才是最好的。

1. 经营定位

快餐厅属于商业空间，以盈利为目的，作为设计师要从经营者的角度出发，了解本行业的发展现状和市场需求。经营者根据自身的能力进行市场定位，提出最初的设计构思，主导设计师的创意源泉，把主要精力放在能够为快餐店创造利润的消费群体上。

目标消费者的数量和规模以及心理活动对于快餐店设计的成功起着十分重要的作用。他们的年龄分布、收入水平、消费品位等这些数据可以直接反映消费者的一些情况，通过这些情况进而分析出目标消费者的喜好、审美、就餐时间、频率等，这都是设计师在前期准备工作中不容忽视的部分。树立与众不同的市场形象是打出品牌的有力措施，什么样的市场形象能够赢得目标顾客的好感和信赖，这需要从消费者的角度去思考问题。

在笔者构思的设计方案中，对于快餐店的市场定位通常采取"查缺补漏"法，也就是说通过考察竞争对手的市场定位方向，了解消费群体的构成，对其疏漏的那部分市场进行定位。与中式快餐共同分割市场这块大蛋糕的当然是西式快餐，西式快餐中最有力的竞争对手非肯德基、麦当劳莫属。经过一系列的调查分析和翻阅文献，得出麦当劳的目标市场主要是 25 岁以下的年轻人，这个人群的特征是俏皮、活力、有朝气，所以才有了我们现在在大街小巷看到的小丑模型、"M" LOGO，"我就喜欢"这则广告语也颇有快乐至上的味道。虽然都是西式快餐，但肯德基的市场定位与麦当劳完全不同，肯德基以美味的炸鸡为卖点，产品大多用鸡肉加工制作而成，所以它的目标消费群定位在喜欢炸鸡口味的顾客。在肯德基的店内，我们看不到醒目的门头，跳跃的颜色，复杂的装饰手法，有的只是干净的地面，带给人舒适感的黄色系墙壁。结合第二章的图表以及上述分析，笔者设计的目标消费者是 28~38 年龄段的人群。

2. 设计风格的确定

设计风格可以说是塑造了空间的灵魂，它是以目标消费者的欣赏水平和审美需求为标准，以经营内容为设计根本，参考前期市场调查与分析所得出的结论而进行的。设计风格的表达不仅是单纯的视觉感受，还可以呈现出该品牌所要传达给消费者的精神、主题、品格、风度，因此，这一环节对于品牌的建设起着至关重要的作用。室内设计风格的类型有很多种，快餐店常用的有以下几种：

（1）现代风格。现代风格始于1919年，当时的包豪斯学派主张摒弃旧传统，强调结构和功能本身所创造出来的美感，反对过多的装饰，力求做到艺术与功能最大限度的结合。这种艺术风格给人一种简洁明快的感受，在现代室内设计中应用广泛，特别是在快餐厅的设计中广泛应用。

（2）传统风格。传统风格是指把传统装饰元素运用到室内陈设、门窗、造型、家具中去。它又分很多种，包括中式、和式、欧式等，本书着重研究中式传统风格。中国有着五千年的悠久历史，经过了数千年的发展和变迁，传统中式风格带着它浓郁的古典风味至今仍对室内设计有着深远的影响，冰裂纹、祥云图案、回字纹、牡丹纹等都是现代餐饮空间经常借鉴的样式。

（3）混合风格。近几年，室内设计呈多元化发展，设计师不再完全根据设计流派来创作，而是本着既美观又实用的原则，古今中外相互融合，去粗取精。例如古代花朵纹样配以现代桌椅，中式的茶几周围是现代风格的墙壁。这是一种极其现代的设计手法，只要处理得当，能够产生别具一格的视觉效果。这种风格在快餐店的设计中也十分常见。

（4）自然风格。顾名思义，自然风格崇尚回归自然的理念，倡导艺术与自然相结合。所选用的材料也都是取自大自然中未经过加工的，例如木材、石材、藤、竹等。这种手法有助于平衡现代人浮躁的心态，营造出悠闲、舒畅、清新的生活情趣。

3. 功能区域划分

功能规划是根据企业经营的特征和管理要求，以及消费者在空间内的活动规律，对室内空间进行合理的分割和设置。这是室内设计中很重要的一个步骤，它直接关系到经营者的工作效率和使用者的舒适度。需要考虑的基础因素有：区域、人流、面积、设施、安全等。

（1）对整体规划的把握。首先明确快餐店大致由哪几部分组成，大致可分为三个部分。比如工作空间、使用空间和交通空间。工作空间包括：后厨、前台、办公室、仓库。使用空间包括：卫生间、就餐区（散台）。快餐店最大的特点是提供方便快捷的服务，薄利多销。因此不设置雅间、雅座、休闲区、接待台等。相关功能的区域应尽量就近设置，这有利于工作的流畅进行。无关区域尽量分割开来，保持各自的相对独立，互不打扰。例如，在快餐厅的功能区域划分中，使厨房和集点餐上菜收款于一体的柜台紧密相邻，这样大大缩短了服务时间。由于快餐属于中低档次消费的就餐场所，所以保证销售量是获得利润的重要途径，因此要把盈利面积扩大，增加空间的利用率。所谓盈利面积是指直接产生经济效益的区域，例如快餐店中的散台就餐区就是盈利面积。大致的面积分配为：就餐区 80%，其他区域 20%。

（2）局部区域的设置。每个类型的空间平面布局设计都没有一个通用的标准，但也不是没有规律可循，必须要根据空间的性质特征来合理规划。因为快餐店没有服务员送餐至餐桌这个环节，因此，不用考虑送餐路线与其他人流走向的交叉冲突。每个座位按照最小标准 $1m^2$ 计算，避免面积过大造成浪费，降低利润；同时，也要避免面积过小导致顾客感觉不舒服，客流减少。桌椅的设置有两种：以小型桌椅为主，两个椅子或四个椅子配一个餐桌，正好符合现代家庭的结构，不设 8~10 人的大桌，毕竟快餐店的目标消费者不是举办聚会的群体，而是工作日上班族解决三餐或是逛街途中无意走进的地方。柜台和厨房相邻设置在整个空间距离门口最远处的一侧墙。对于快餐行业来说，产品的推陈出新十分必要，否则再忠实的老顾客也会有吃腻的一天，因此在靠近门口处设置新产品或促销信息展示区，起到吸引潜在顾客的作用。同时，要注意工作人员与顾客流动线路的简洁性以及安全性，使得空间的利用率最高。在大厅就餐区中应有绿化或半隔断来划分不同的就餐区，这样做不仅可以使大厅变得丰富起来，还可以起到节约空间的作用。

4. 装饰元素的运用

以中国江南园林风格为例进行分析说明，提到"江南"，笔者的脑海中立即浮现出烟雨蒙蒙、暮霭沉沉、古木小溪，文人墨客、诗情画意的景象，还有泛舟水上、枫桥夜泊、小桥流水、亭台楼阁的美景。江南文化不仅具有深远的文化内涵，还有更加耐人寻味的审美意义。要想做出一个成功的中式快餐厅设计方案，仅仅把中式元素用到装修上是远远不够的，缺少焦点的设计不足以给人留下深刻的印象。在中式风格的室内设计中，常用的装饰元素有以下几种：

（1）传统图案。中国传统图案和纹样能体现中国几千年来深厚的文化底蕴，朴实中带有美感，又承载着美好的寓意。常用的传统图案包括：龙、凤、鸳鸯、梅、兰、竹、菊、荷等及其组合搭配。江南风格的设计是推崇自然素雅朴实，青石铺地、大红木门、雕花窗等都能把我们引入秀丽温婉的江南风情中。

（2）装饰品的运用。中国传统字画在中式风格室内设计中就是很好的装饰品，使用率也比较高，它具有颇高的文化品位。常用的字画尺寸主要有三种：横幅、条幅、斗方。在特定的空间中，选择哪种长宽比例的字画要依实际情况而定。例如，如果空间比较高，就适合用横幅来调节空间过于空旷的视觉感受。中式工艺品也是设计师常常用来渲染空间氛围的好手段，它们大小各异，种类繁多，小到可以在手掌中把玩的茶杯，大到精雕玉镯和做工精细的屏风。这种装饰手法可以让观者明显地感受到当地的风土民情，让人浮想联翩，感慨不已。

（3）体现品牌特色的小品。其实室内小品在快餐店的设计中并不多见，但既然要提升品牌价值就要有其独到之处，有让顾客留下深刻印象的部分。例如，麦当劳坐在门口的黄头发小丑，肯德基醒目的白头发老爷爷，这都是提到该品牌脑海中立刻浮现的景象。因此如果把设计风格定位成中国传统江南风情的话，可以在室内做一个创意小品，这样不仅能突出品牌主题，还体现了大自然的生机，起到了放松身心，增强食欲的作用。但是像喷泉、假山、瀑布这类常见的江南风情的小品不适合用在快餐店的室内设计中，因为成本过高，占地面积过大，不符合快餐业的本质属性，所以可选用荷花作为小品来展示品牌主题，木材的造价不高，而且容易加工，并且把小桥作为走廊或通道，不会额外占据室内空间。

5. 色彩设计

色彩设计的根本问题是配色，色彩营造的整体效果取决于不同颜色之间的相互关系。色彩不仅能够确定整个室内空间的设计基调，还能够影响消费者的心理感受。在色彩上只有不恰当的搭配，而没有不可用的颜色。因此，如何处理好色彩之间的协调关系对于营造餐厅的整体效果相当重要。据心理学家的研究显示，人类从出生之后一个月开始就对色彩产生感觉，随着年龄的增长，我们不断积累知识和经验，对色彩的感受也就从最初的简单的生理作用转变为掺杂个人喜好情绪的心理影响。因此，不同的年龄对于色彩有着不同的偏好。

在不同的季节、时间以及心理状态下，人们对色彩的感受会有所变化。这时，可利用灯具包括灯光、灯罩以及一些小饰品来调节室内整体的色彩效果。比如，家具的颜色较深时，可以通过明快清新的浅色桌布来进行衬托。在炎热的夏季里，用蓝色调的灯光和果绿色的桌布一起搭配，可以让人产生一种凉爽感。

色彩对于室内空间氛围的营造也起到至关重要的作用。一般来说，纯度高、明度高的暖色给人以华丽感，例如大红色，亮黄色等。纯度低、明度低的冷色会带给人朴素的感觉，例如青色、淡蓝色等。

一般来说，在设计餐厅的色彩的时候，必须注意以下几个方面：第一，决定颜色之前先决定材料。因为有些材料根本不需要上色；第二，决定颜色也要讲究顺序，从面积大的部分开始：天花板、墙壁、地面等；第三，考虑颜色的明晰度，选择颜色的时候，在明暗和浓淡上应该有适当的差别。比如，红绿的搭配对比太强烈，会让人视觉和心理都产生不适；第四，使颜色具有共同性。在色彩方面考虑相近色调，这样更容易使空间的整体效果统一起来；第五，颜色不宜太多，基本上有 2～4 种色调就可以了，因为颜色太多的话，会产生杂乱感，而且颜色之间会发生冲突，从而冲淡颜色效果；第六，鲜艳的颜色要从小处着手，可以把鲜艳的颜色作为突出点来用，这样才能为整个空间装饰起到画龙点睛的效果。如果鲜艳的颜色在空间中使用面积过大，很可能造成压抑感，破坏室内整体气氛。第七，颜色搭配也讲究相互呼应。比如窗帘与靠垫使用同一个颜色，会使空间整体氛围显得更加和谐；第八，配色时候考虑那些使眼睛看起来更舒服的颜色。比如，配上四季的自然色，鲜花或者小草的颜色会让人感觉更愉悦。

6. 家具摆设的选用

家具的风格在中式室内设计中占据着非常重要的地位。中国古代明代的家具最符合现代人体工程学，也最能体现中式风格。除了直接把明代的家具照搬过来之外还可以巧妙地提取它的精华之处，通过改良让其更接近现代风格，被更多的消费者接受。而清代样式的家具通常应用在小雅间中。由于家具在餐饮空间的使用量很大，占据观者的大部分视野，所以在设计的初步阶段就应该对家具的定位做充分的推敲，家具的色彩和造型在很大程度上能主导整个空间的视觉感受。

综合快餐的本质属性，对于餐桌椅的选用要对顾客起到心理暗示作用，从经营者的角度出发，希望顾客用餐结束之后停留的时间越短越好，因此不选用使用起来舒适感强的桌椅，而选用硬质的、造型并不复杂的桌椅，目的是让顾客坐久了感到疲乏，自然就会离开，从而确保持续的客流量和销售量。

7. 照明设计

照明设计也要以功能的实现为前提。要创造一个使人感到舒适的、良好的快餐厅视觉照明环境，需要有适当的亮度分布。室内亮度变化过大，容易引起视觉疲劳，甚至造成眩光。但过分均匀的亮度分布反而会使被观察物的清晰度降低，并且使室内的气氛过于呆板。所以在以气氛为主的照明场合，需要用变化亮度的手法以形成愉快的气氛。在确保室内的亮度适中的基础上可以用局部照明的方式来划分不同的就餐区，或对某一特殊就餐区局部重点照明。实现重点照明的方法有很多，例如在现代中式快餐厅的设计中，如果空间偏低，通常用点光源灯具排列组合，局部排列密集，从而产生局部重点照明的效果。或者选用一些中式风格的灯具，结合顶棚的造型，不仅能提供环境照明，还能起到渲染气氛的效果。但是这种传统的中式灯具不能过多，否则会使空间显得凌乱。

无论是采用哪种照明方式还是选择哪种样式的灯具，在餐厅的设计中都应考虑其显色性，因为灯光的显色性直接影响到菜品的颜色，从而影响顾客的食欲。要特别注意在餐厅中忌用彩色光源。

二、咖啡厅的设计

（一）咖啡厅室内设计要求

1. 色彩

对于咖啡厅这样的特定场所，色彩运用尤为重要，因为它直接关系到空间的氛围和顾客的体验感。

在进行咖啡厅室内色彩设计时，设计师需要遵循一定的美学要求，具体如下：

首先，设计需要具有目的性。在与商家沟通并确定风格后，设计师应该选择几个主要颜色作为空间的主色调。这些主色调将直接影响空间的视觉效果和氛围感。例如，明亮的颜色可以使空间更加阳光、充满活力；较深的颜色可以使空间变得神秘、深沉；饱和度较低的颜色则可以使室内显得更有格调。无论色彩如何搭配和占比，都必须与空间环境想要表现的艺术氛围相匹配。因此，设计师需要有针对性、有目的性地把控色彩的应用。

其次，设计需要保持色彩的协调性。只有相互协调的色彩才能使空间看起来舒适、美观。这需要设计师巧妙地进行色彩搭配，明确色彩的三个要素（色相、饱和度、明度），并能够灵活组合。例如，如果空间大部分以暖色为主，那么冷色就不应该以同样的比例运用到室内设计中，否则会使空间失衡、没有主次；同样地，如果将饱和度较高的颜色运用到空间的每个角落，就会让室内环境看起来繁杂缭乱。因此，设计师需要拿捏好色彩的特性和不同颜色带给人的不同视觉感受，顾全大局，确定主要色调后选择色相临近的颜色进行大面积搭配，并轻微调节这些颜色的饱和度以达到协调的效果。同时，局部可以使用反差相对较大的颜色进行点缀，让空间色彩既协调又富有微妙变化。

最后，设计还需要考虑采光性。色彩自身具有吸收光和反射光的特点，因此设计师需要结合室内不同朝向的采光度来选择相应色彩。浅色比深色吸光度低，因此会反射更多的自然光；而深色则会吸收更多的自然光并使其折射更少。这就要求设计师在室内南朝向的位置多放置深色物品以吸收阳光并使室内快速升温；而在室内北面则应多放置浅色物品以折射更多光线并保持室内温度适中。通过这样的色彩运用方式，设计师可以确保室内光线的合理利用，以营造舒适宜人的环境氛围。

2. 材料与质感

在室内设计中，材料的选择和应用是至关重要的。不同材料的选择和应用法则不仅为室内空间增加了更多可能性，同时也给室内设计师们带来了新的挑战。科技的进步使得许多新型材料成为市场的主流，这要求设计师要对材料自身的性质和艺术特质有充分了解，并将其巧妙地运用到室内设计中。

首先，材料的选择和应用能够体现设计风格。室内空间设计风格的差异反映了每个空间的独特性格特征。通过深刻理解和运用每种材料的特殊性，设计师可以打造出风格迥异的室内空间。例如，在现代中式风格中，为了体现古朴、自然、雅致的内蕴，设计师通常选择木材作为主材，运用贴近自然的木制材料，并在造型上做到精简，以展现中国古代家具的神韵。同时，通过巧妙搭配其他材料，如石材或现代化材料，以及充分运用活动元素，设计师可以将传统美感与纵深感融入室内设计中。

其次，材料的选择还能够体现文化特色。不同地域和文化背景下，人们对材料的选择和运用手法会有所差异。例如，西方室内空间设计多用石材，通过对石材的研磨和构成变换，体现出西方宫廷建筑的奢华感。而在东方，同样的石材在设计师对中国传统文化的理解下，可能会被设计成以中国水墨画的形式呈现，赋予其新的灵魂。

此外，材料的选择和应用还能够体现空间层次感。通过运用不同材料和设计手法，可以提升空间的品质和层次感。例如，利用高反射度的材料如玻璃、镜子和金属等，可以增加空间的延展性，营造出更加开阔的视觉效果。密度和硬度较大的材料会给空间带来分量感和神秘感，让人与空间产生距离感。相反，透气性强的材料如编制材料、木材和布艺等则会增加人与空间的互动可能性，营造出舒适亲切的氛围。

3. 家具与陈设

一般情况下，咖啡厅室内空间会按照空间功能分化、受众群体的喜好以及设计风格摆放各种类型的家具、家用电器等，这些室内的物品必定会占据室内空间。设计师选择物品材料时需要考虑到室内整体空间的布局，力求和室内空间整体格调相匹配，设计师必须要遵守美学法则，同时要选择与室内物品相匹配的附件，这些附件在颜色、形状、规模、材料上都需要结合摆放物品的具体情况而选择。家具与陈设应用在室内空间时：

（1）要比例适当。咖啡厅的空间面积及形态大小不一，要选择与空间尺寸相协调的家具才能让室内空间井然有序，比如在空间较小的咖啡厅内，家具尺寸的选择要尽可能精简，不阻碍其功能的划分，陈设的选择也要尽量挑选小巧的，占太多面积就会让空间看起来拥挤，且让消费者无更多自由移动的空间，会直接影响大众的消费心情。若空间较大的咖啡厅，则可以合理搭配家具比例的大小，利用家具和陈设的尺寸变化使空间组合形式变得丰富，将尺度较大的家具放在休闲区，吸引更多组团消费的人群。

（2）家具陈设之间的协调性，指他们的内在要素相互影响，以稳定和谐的关系存在于空间中。协调性不代表空间变得单调，咖啡厅内的家具与陈设之间的协调包含色彩的搭配、形态的大小、材质的搭配及物体的摆放位置等。家具与陈设的选择上要风格统一，与室内整体搭调，比如自然主题的咖啡厅，除了运用有机材料装饰界面，家具的选择上也是以生态环保材料为首选，室内陈设多挑选大小绿叶的绿植，净化环境的同时也能与咖啡厅主题相互呼应，咖啡厅整体氛围也变得生机勃勃；像极简风格的空间内，多放置形式造型精简、色彩平和的家具，同时对装置与陈设的要求也是以简单不浮夸为宜，让人在这样的空间中感到心情舒畅。总而言之，无论什么样的陈设都不能喧宾夺主，应与室内家具、灯光等相互协调，充分发挥其艺术审美性，与空间环境相融合，让空间层次更为丰富。

（3）视觉平衡感。家具与陈设的位置摆放要具有平衡感，均衡美让空间变得张弛有度，空间中，物体摆放的重量相对平稳时，会增加心理上的安全感、视觉立体平衡感。除了家具自身的重量平衡外，可以利用家具自身颜色的饱和度进行调整让空间具有平衡感，比如体积较大的家具可以对应明度较深的陈设或家具，从而达到视觉上的平衡。

4. 氛围营造

当你步入咖啡厅时，其整体环境会决定消费者的第一印象，但是咖啡厅的氛围营造会影响消费者在空间内的逗留时长。通过氛围的营造将空间的情感集中传递给大众，也正是氛围的营造让空间有了情感，不同空间的不同氛围也是该空间性格的不同表达。咖啡厅的氛围营造可以通过以下三方面实现：

（1）空间自身形态。空间本身以多种形态存在，而空间形态的差异从理论上已经直接将其划分成不同类型，这样的差异本身就会营造不同的氛围，比如宽敞明亮的空间、质朴厚重的空间等。纵深感较强的空间会增加视觉上的延伸感，这类较为细长的空间会给人较为神秘的感觉；曲面空间则使空间充满变幻，趣味感浓厚；垂直空间自上而下，让人感受到庄严、气魄、宏伟，一般教堂之类的有历史纪念价值的空间均以垂直空间为主；平衡对称的空间会让视觉点集中，空间营造出舒缓、和谐之感。所以充分利用空间自身形态，也有利于氛围的营造。

（2）灯光变换组合。照明是室内空间氛围营造的重要部分之一，通常咖啡厅的整体灯光亮度会低于其他餐饮类店铺，因为咖啡厅不同于"第一空间""第二空间"，主要以"第三空间"的特殊性存在以实现消费者娱乐、休憩、社会交往等活动，满足他们的心理和精神诉求。灯光整体亮度降低对于营造轻松愉悦的氛围格外重要。一般咖啡厅的照明来源以自然光和人造灯光为主，通过空间设计改变自然光的接受范围。灯光的设计原则是以整体照明为主，其他部分灯光可以辅助照明，让空间内的光源有所变化，所以灯光的设置要分区域设计，不同的功能区可以通过改变灯光的强弱营造不同的氛围。比如吧台是咖啡制作的核心区，那么这部分灯光相对于其他功能区域强度和亮度要加大，方便消费者看清菜单同时观看咖啡的制作过程。而产品展示售卖区可以单独设置灯光，吸引消费者的目光，让消费者看到咖啡豆的产地和品质，对咖啡厅的内在进行准确剖析。在休息娱乐区将灯光的照度控制在 150 ~ 300lx，在侧墙面上可以添加亮度较低的辅助灯光，以烘托咖啡厅整体氛围，咖啡厅界面的颜色和材料也会影响灯光效果，颜色较深的墙面会比颜色浅的墙面吸收光源能力强，而硬度较强和反光度较高的材料会反射大部分光源，反之柔软质感的材料会相对吸收部分光源，反射出的光源也会大打折扣。综上所述，设计师要合理把控好咖啡厅的灯光变换，让艺术空间的情感更细腻、感染力更强。

（3）音乐的选择。有的时候，我们可以从一个人的穿衣、听音乐的品位来判断这个人的秉性和气质，咖啡厅也是如此。很多时候选择一家咖啡厅是因为咖啡厅的格调好、层次高。咖啡厅播放的音乐便能体现出它的"气质"。首先音乐的作用是很微妙的，它可以调节大众的心情及状态，而咖啡厅的音乐选择是需要配合其设计风格、传播的文化，同时也是经营者想带给大众的一种精神体会。对于音乐的选择方面，不同的咖啡厅各有千秋。大多数喜欢播放舒缓、浪漫的蓝调或轻音乐，让人感觉置身于浪漫的环境中，与整个氛围融为一体，但不乏有些走另类路线的咖啡厅会挑选小众冷门的歌曲，贴上与众不同的标签，找寻志同道合的消费者。当你处于环境舒适、音乐动听的咖啡厅时便会忍不住多停留一会。

（二）咖啡厅设计特点

1. 咖啡厅设计体现地域文化特征

众所周知，地域文化的差异性导致华夏民族形成各有千秋的景象，而城市街道及建筑也是经过漫长的历史蜕变才有了今天的模样，它们记录了地域文化的演变过程，不仅是人们生活状态的真实映射，也是地域文化的现实载体。在经济全球化的时代，文化传播极其迅速，室内的设计手法及风格也深受大势所趋，避免不了生搬硬套、照抄照搬的现象，但是真正有灵魂、有意蕴的设计是充分体现地域人文特征的。那么如何让咖啡厅的室内设计体现地域人文特征呢？

（1）咖啡厅的室内设计需同周边建筑及街道相融合。咖啡厅本身是服务于大众的一种媒介，它作为建筑内部的"子构成"，是要依附于建筑中的，同时咖啡厅也是营造街道氛围的重要一员，是街区文化的寄托。从咖啡厅的门面上来说，尽量颜色上与周边建筑保持协调统一，造型上不要过于浮夸突兀。如果咖啡厅是在历史遗留区内，可以适当保留原建筑文化风貌特征的结构并加以改造。例如徽派建筑景区的咖啡厅，保留原白墙黑瓦、马头墙的原本风貌，在牌匾上刻印出店名，考虑当地的自然气候特征，室内的装饰材料多选用耐潮、防腐性的类型为主，当地的石头、砖块为首选，就地取材，既环保又能重温徽派文化，让外地的消费者感受到浓郁的风土人情，也让当地居民也产生地域认同感和自豪感。

虽然咖啡厅追求个性发展，但是"个性"也要和谐融入街道和建筑中，做到尊重本土文化和地方特色，在这基础之上实现"标新立异"。

（2）将地域文化特征以设计元素和符号的形式体现。在做咖啡厅室内设计之前要对所处地区进行调研分析，总结提炼出设计所需的元素和符号，这种具有地域文化特征的元素和符号可以提升空间的文化价值，影响大众的审美观念。当空间内有极为明显传递出地域性文化特征的元素时，会直接明了地将地域特色展现在消费者眼前，是表达风俗人情的有效传播方式。室内设计中元素和符号可以通过形式、形态构成、色彩、组织方式、工艺、象征性等多种方式提取，设计师要理解地域文化的内涵，在设计时要注意创新，不是对这些符号和元素的简单复制，而要做到"形变"而"神韵"不变的至高境界。

2. 咖啡厅设计实现"第三空间"生活化

"第三空间"的概念是马克思主义理论家列菲弗尔（H.Lefebvre）提出，在此之后，美国社会学家欧登伯格（Ray Oldenburg）又提出了新的观点，他认为家是第一空间，职场是第二空间，咖啡厅、酒吧等公共空间是第三空间。基于"第三空间"的理论，笔者将以实现"第三空间"的特性为理论基础，通过室内设计的设计方法将咖啡厅打造的更生活化。

咖啡厅的空间生活化是指实现空间的基本功能外，可以将其审美功能和大众的生活理念注入其中，具体表现为：空间公共性、互动性、流动性的结合。通过空间组合形式的变换完成。让大众在咖啡厅内除了可以满足自身需求外，精神需求也得到满足，最终形成对这种特殊空间的依赖和习惯。

有的消费者对咖啡厅的诉求是希望咖啡厅较为便捷，可以快速饮用咖啡并且不停留太长时间，有的则是希望来咖啡厅内休闲娱乐等。根据大众生活习惯和消费目的的差异性，咖啡厅要满足消费者的诉求，咖啡厅内的空间要设立便捷快消区域、私人空间区域、休闲娱乐长久滞留的区域等，商家还可以添加多功能区域，如观展区、观影区或服装售卖区等，挖掘新的生活方式并促进消费者习惯的形成。

（1）空间公共性。咖啡厅本身就是一个公共活动空间，店内的设计要统筹大局，从整体出发，遵循美学原则。做到风格统一，色彩和谐，家具及陈设体现主题性，氛围营造恰到好处。空间功能设计要做到井然有序，第一空间秩序为咖啡厅的入口、吧台；第二空间秩序为私密区和公共就餐区，以及休闲区和多功能区域；第三空间秩序为卫生间、后厨，员工休息区。要合理规划好各功能分区，控制各区域的面积及占比，注意各个区域内既不相互影响又可以融洽地集于一个整体。

（2）空间互动性。通过空间的组织方式变化和视觉效果差异形成空间内的互动性，空间组织方式变化有很多，例如镶嵌式组合，即大的区域内设置几个小的不同功能的空间，或者相互交错的空间组合也可以让不同空间并存，你中有我，我中有你的形式让空间互动感增加。同时也不能忘记处理好室内外环境的互相衬托的关系。视觉效果的差异可以通过界面高低变化、色彩强弱、形态变换、材质的更替、不完全隔断的屏风等方式让空间相互联系又不相互隔离，其次在空间过渡时做到分割界线的模糊，防止界面严密围合阻碍空间的互动，这样可以引导大众体验空间的更多功能，积极参与，达到人与人之间的互动、人与空间的共鸣。

（3）空间流动性。人流的合理规划和视觉流线的流畅性均可让空间具有流动性。

通过区域顺序规划实现人流分化，即咖啡厅的入口，到吧台、餐饮区、休闲娱乐区、多功能活动区。比如一个带展厅的咖啡厅通过这样先后顺序的设计让顾客养成进店先买咖啡，然后拿着咖啡就座，或者继续观展的习惯。带有其他主题的咖啡厅也以同样的方式规划人流，久而久之，当进店消费的群体对新的生活方式习惯后，他们也会对咖啡厅产生依赖感，这时咖啡厅已经不单只是提供咖啡而是一个有趣的集合空间。视觉流线的连续同样可以增加空间的流动性，咖啡厅入口处可以设置门厅延长视线，通过大小不一的家具陈设及空间材质、色彩、界面的变换，形成横向和纵向的视觉引导和流线的差异，从而实现空间流动性的。

3. 咖啡厅主题表现

没有主题的咖啡厅设计是没有灵魂的，咖啡厅的主题表现是集室内环境和艺术特色的集中表现，精品咖啡厅的设计也离不开设计主题性。

有主题的咖啡厅设计，要明确咖啡厅的市场定位、设计主题。对消费者群体进行研究调查，了解他们的喜好和审美取向，将主题文化提取成各种元素运用到室内设计中，通过咖啡厅的市场定位、设计主题、消费群体的深入剖析，来提炼主题元素。

室内设计中界面的面积占空间比重较多，所以界面的颜色决定室内环境的整体走向，切记不要太过花哨，要主次分明，适当留白，色彩搭配上统一几种主要颜色，其他辅助色彩的搭配以与主色调搭配和谐为宜，同一色系邻近色为主，加上局部小范围其他颜色的点缀和烘托，不影响整体美感；装饰物上要有主题的纹样，或者以文字、图形、符号的方式呈现；同时灯光、家具等其他软装部分也皆以应题为首选原则，遵循咖啡厅主题设计的艺术性与个性的原则，体现经营者的文化水平和生活背景，同时不盲目迎合大众口味。

4. 咖啡厅设计多维性

咖啡厅的室内设计已经不再局限于室内设计本身，它本质上是服务餐饮行业，受消费者欢迎才是其根本目的。如何让大众在咖啡厅里感受到场所精神，要从消费者的身体尺度方面出发，以实现大众感官系统和精神层面的诉求为终点，以崭新的视角对咖啡厅的室内设计进行更深入的思考。

（1）视觉角度。消费者进入咖啡厅时对咖啡厅的整体感觉心理上会有所评判，会与内心的期盼值进行比对，同时产生一系列心理变化。喜欢与否，情绪上的变化会直接影响用餐心情。咖啡厅的店面设计如同人的脸面，第一印象十分重要。咖啡厅设计要了解当下的流行趋势，结合地域文化，形成自己独特的设计风格。消费者的视觉体验需要借助一定的介质，店面的简洁、色彩的和谐、功能区的层次分明、光线的舒适、家具的新颖，都会给消费者带来视觉上的享受，心理上的认同感。

（2）听觉角度。让大众的耳朵享受音乐，心随意动，是咖啡厅营造氛围的直接手段。通过音乐的播放，经营者可以直接将自己的情感传递给消费者，产生情感共鸣。音乐本身是情感构建的一个媒介，参与者会被动接受，在不知不觉的情况下听音乐，所以在音乐的选择方面，大多咖啡厅会选择温柔、舒缓的类型。据研究表明，舒服的音乐会让人精神放松，快速融入环境中且适宜久留。但是对于个性化的咖啡厅来说，音乐的选择并不是一成不变的，可以根据空间的风格、天气的变化、消费者的品位进行更换。

（3）嗅觉角度。大多咖啡厅的设计会将重点放在空间环境上，忽略了消费者的嗅觉感受。笔者调研了许多咖啡店，让笔者印象深刻的除了环境本身优美外，却是进去便闻到气味清香的店铺。消费者的嗅觉感受也是空间体验感的一部分。嗅觉体验可以用果香、木香、花香等香薰或熏香，但不要过于浓烈，浓度控制在可接受范围，咖啡豆本身的香气也会增加嗅觉体验感，嗅觉体验对室内设计的影响也要全面考虑。

（4）触觉角度。消费者是空间的使用者同时也是感受者，室内设计可以通过空间材质的变换、进餐的餐具质感等方面对可触的客体用心设计，使用自然、柔软的材料能促进顾客与空间的互动，加深印象，器具选择的方面可以考虑有质感的手工工艺器具，相信经营者的用心程度也会打动大众。

（5）味觉感受。据调查和网络反馈，消费者对咖啡厅的反馈多数是对咖啡、甜品、饭菜的评价，无论品位和审美的高低，消费者能直接品尝的就是食物的味道，这也是咖啡厅产生回头客的首要因素。俗话说得好："想留住一个人的心，就要先留住他的胃。"产品的品质是咖啡厅长期发展下去的根本。

课后习题

1. 分析一家中餐厅的空间设计，指出其特色，并评价其设计效果。
2. 简述西餐厅设计的内容。
3. 结合所学知识，设计一个以"海洋"为主题的主题餐厅空间布局方案，要求体现海洋元素并符合设计原则。
4. 根据所学知识，论述快餐店与咖啡厅设计的特点。

第六章

可持续与智能化在餐饮空间设计中的应用

第一节　可持续原则在餐饮空间设计中的体现

随着全球环境问题的日益严重和可持续发展理念的普及，可持续设计已成为当今建筑行业的重要趋势。餐饮空间，作为人们日常生活中不可或缺的一部分，也在积极响应这一趋势。可持续设计的应用不仅有助于减少环境负担，还可以提高经济效益和提升用户体验。

一、可持续设计原则

可持续设计原则旨在通过一系列精心策划的策略和方法，实现资源的高效利用、环境的最小化负担以及对社会的积极影响，同时确保建筑的功能完备、舒适宜人并具有长期可持续性。在这些原则中，材料选择的环保性被置于核心地位，凸显了在建筑和室内设计中优先选用对环境影响较小的建材的重要性。

在可持续设计的实践中，鼓励使用可再生材料是一项重要举措。这类材料，如竹子、木材、亚麻和大麻等，具有在相对较短时间内自然再生或人工再生的能力。相较于传统木材，这些可再生材料的生长周期更短，从而减轻了森林资源的压力，有助于维护生态系统的平衡与稳定。此外，可持续设计还积极倡导使用可回收材料，如回收金属、玻璃和塑料等。这些材料经过适当的再循环和再加工处理，可以实现多次重复利用，有效减少废弃物的生成，降低对原始资源的依赖。选择可回收材料不仅体现了对环境的关怀，也为构建可持续的循环经济体系提供了有力支持。同时，低挥发性有机化合物（VOC）材料的应用也被视为可持续设计中的一个关键环节。在建筑和室内装修过程中，采用低 VOC 的涂料、胶黏剂和建筑材料能够显著减少室内空气中有害物质的释放量，从而改善室内空气质量，为居住者提供更加健康、舒适的生活环境。这一举措对于保障人们的健康和提升居住舒适度具有至关重要的作用。

二、餐饮空间的可持续挑战

（一）能源和水资源消耗

餐饮空间作为高能耗场所，其日常运营涉及烹饪、照明、温控及设备运转等多个方面，对电力、天然气等各类能源有着巨大需求。同时，在食材处理、清洁、制冷及卫生保障等环节中，水资源亦扮演着不可或缺的角色。然而，这种对能源和水资源的密集使用，已对环境构成了严峻挑战。具体来说，大量的能源消耗不仅加剧了碳排放问题，还对全球气候变化产生了直接冲击，尤其在使用非清洁能源时，其负面影响更为显著。同时，水资源的过度开采和不合理利用，不仅加剧了水资源短缺的紧张局势，更可能引发水源枯竭、水质恶化等连锁反应，对生态系统的健康与稳定构成严重威胁。

因此，面对日益严峻的环境问题，餐饮业必须深刻反思其运营模式，积极寻求节能减排的创新路径。通过提高能源利用效率、优化水资源管理策略，降低对环境的负面影响，为实现生态、经济和社会的可持续发展贡献力量。

（二）废物管理

餐饮业每天产生的食材残余和食品浪费数量惊人，这不仅是一种对宝贵资源的巨大浪费，更是对环境造成了难以忽视的压力。这些残余物，包括未用尽的食材、餐后剩余以及过期的食品，都需要得到合理且环保的处理，以减轻对环境的负担。

同时，餐饮业在运营过程中大量使用一次性包装材料，如塑料、泡沫和纸盒等。这些包装废弃物不但数量庞大，而且难以降解，给环境带来了严峻的挑战。尤其是塑料包装，其对生态系统和海洋环境的破坏更是引起了全球的关注。此外，厨房作为餐饮业的核心区域，每天也会产生大量的废弃物，包括食材的边角料、食品加工过程中的废弃物以及厨房设备清洁产生的废弃物等。这些废弃物的有效处理对于减轻垃圾填埋场的压力至关重要。

（三）食材和供应链

餐饮业在选择和采购食材时面临着重重考验，必须综合考虑食材的来源是否可靠、生产方式是否环保、是否符合季节性规律以及是否具备可持续性。为了实现环境保护的目标，选用可持续食材和扶持本地农业显得尤为重要，但这同时也需要餐饮业在成本和食材供应稳定性等方面做出权衡。

在食材的采购、储存和准备环节，餐饮业往往难以避免产生一定的浪费。这种浪费不仅意味着对宝贵资源的白白消耗，更会对环境造成不容忽视的负面影响。因此，餐饮业必须努力寻求减少浪费的有效途径，提高食材的利用率，从而减轻对环境的压力。

此外，餐饮业的供应链也是一个值得关注的重点。食材的运输、储存和分销等环节都会消耗大量的能源并产生碳排放，对环境产生不利影响。为了确保供应链的可持续性，餐饮业需要优化物流和运输方式，尽量缩短食材的运输距离，并采用环保的包装和运输方式，以减少对环境的影响。这些举措不仅有助于提升餐饮业的环保形象，更能为行业的可持续发展奠定坚实基础。

（四）室内环境和舒适度

餐饮场所必须高度重视室内空气质量，以营造一个健康且宜人的用餐氛围。然而，烹饪时难免会产生烟雾、异味及有害气体，这些都会对室内空气质量造成不良影响。因此，配备高效的通风与空气净化系统至关重要。当然，在追求空气质量的同时，也不能忽视能源效率的问题。此外，餐饮场所的噪声问题也不容小觑，过高的噪声水平会严重影响顾客的用餐体验。为了打造一个宁静的用餐环境，我们需要采取一系列噪声控制措施，如运用声学设计原理、使用隔音材料等，从而提升顾客满意度。照明对于餐饮场所来说同样重要，但如何在保证照明效果的同时降低能源消耗，是我们需要解决的问题。采用 LED 照明和智能照明控制系统便是一个很好的解决方案，它们既能为顾客提供舒适的照明环境，又能有效减少能源消耗。最后，餐厅的家具布局也是提升用餐舒适度的关键。我们应该遵循人体工程学原则来选择合适的家具和设计布局，让顾客在用餐过程中感受到舒适与惬意。同时，选用可持续材料和环保家具也是减小对环境影响的重要举措。通过这些细致入微的考虑，我们可以为顾客打造一个健康、舒适且环保的用餐环境。

三、可持续性原则在餐饮空间设计中的应用策略

（一）再生能源利用

再生能源在餐饮空间设计中的应用，不仅是可持续原则的重要体现，更是为餐饮业的可持续发展开辟了新的道路。

太阳能光伏系统以其显著的成本效益和环保特性，在餐饮业中得到了广泛应用。通过安装在建筑物屋顶或墙面的太阳能电池板，餐饮场所能够有效地捕获阳光并转化为电能，满足日常的供电、照明、热水及设备运行需求。为了确保太阳能的最大化利用，精心的规划和布局至关重要。借助太阳能光伏系统，餐饮空间不仅能够在白天自主产生清洁电力，降低运营成本，还能够显著减少对传统电力的依赖，从而实现碳排放的大幅削减。

对于地理位置优越的餐饮场所，风能发电成为另一种可行的再生能源选择。通过安装小型风力发电机，餐饮空间能够将丰富的风能资源转化为稳定的电力供应。特别是在风力充沛的地区，这一技术为餐饮业提供了额外的电力支持，进一步降低了对传统电力的依赖。

地源热泵系统作为一种先进的供暖和制冷技术，也在餐饮空间设计中发挥着重要作用。该系统利用地下恒定的温度来调节室内温度，有效减少了对天然气和电力的需求。在四季分明的地区，地源热泵系统为餐饮场所提供了舒适、节能的室内环境。通过采用这一技术，餐饮业能够显著降低能源消耗，提高整体能源效率，推动行业的绿色转型。

生物质能源在餐饮空间中的应用也展现出了巨大潜力。废弃食物、有机废弃物等可再生材料经过收集和处理后，可以转化为生物质能源，用于供暖、烹饪和发电。这种循环利用的方式不仅减少了餐饮业的废物处理压力，还为其提供了可持续的能源解决方案。通过整合生物质能源技术，餐饮业能够进一步降低运营成本，同时推动行业的可持续发展。

（二）智能系统和自动化

智能系统和自动化技术在餐饮空间的应用，不仅显著提升了能源与资源的利用效率，增强了环境可持续性，还成功降低了运营成本，优化了用户体验，完美契合了可持续设计的核心理念。

以智能照明系统为例，它通过集成传感器、计时器以及自动控制技术，实现了对室内照明的精细化管控。具体来说，运动传感器的引入使得系统能够智能感知房间内的人员活动情况，从而在无人时自动熄灭灯光，有效避免了不必要的能源浪费。同时，系统还能根据自然光线的强弱以及室内的实际照明需求，灵活调整灯光的亮度，从而在最大程度上减少了对人工照明的依赖。此外，智能照明系统还能依据预设的时间表，自动调节照明强度和色温，确保在任何时候都能为用户提供舒适且适宜的照明环境。

智能暖通空调系统则通过安装温度和湿度传感器，实时监测并调节室内的环境条件。在低峰用餐时段，系统能够智能降低供暖或制冷设备的功率，从而实现能源的节约。更为先进的是，这类系统还能通过学习建筑物的使用模式，预测未来的能源需求，并提前进行相应的调整。这不仅确保了在高峰期能够为用户提供足够的舒适度，同时也保证了能源的高效利用。值得一提的是，智能化的设备和设施管理系统已成为绿色建筑不可或缺的一部分。这些系统能够远程监控和控制各类设备的运行状态，确保其始终保持在最佳的工作状态。例如，在食品储存和制备环节，智能传感器能够实时监测温度和湿度的变化，一旦发现问题便立即采取相应措施，从而避免了食材的浪费。这种智能化的管理方式不仅提高了运营效率，也为餐饮业的可持续发展注入了新的活力。

（三）绿色认证和标准

在餐饮空间的设计与运营中，绿色认证和标准扮演着至关重要的角色，它们是推动绿色建筑和可持续设计不可或缺的力量。这些认证与标准为餐饮行业提供了清晰的指引和目标，确保其在建筑和运营过程中达到卓越的环保性能。

以 LEED 认证为例，这一全球范围内广受认可的绿色建筑认证系统，为餐厅提供了追求卓越环保表现的途径。通过采纳一系列降低能源消耗和环境影响的措施，如运用高效能的照明和暖通空调系统、利用可再生能源、优化废弃物管理、选用环保建筑材料、提升室内环境质量以及推广可持续食材采购等，餐厅可以努力满足 LEED 认证的标准。这不仅展示了餐厅对可持续发展的坚定承诺，更有助于吸引越来越多具有环保意识的消费者。

同样地，BREEAM 这一在欧洲广泛应用的绿色建筑评估方法，也为餐饮场所提供了衡量建筑可持续性表现的标准。通过采纳 BREEAM 标准，餐饮场所可以识别并采取相应措施以改善其环保性能，如优化水资源和能源管理、最大限度地减少废弃物的产生和排放、改善室内空气质量以及推广社会责任实践等。积极参与 BREEAM 认证，将使餐饮业在欧洲市场中获得可持续发展的竞争优势，进一步彰显其对环保和可持续发展的重视。

第二节　环保材料的选择与使用

一、环保材料的种类与特点

环保材料是指那些在生产和使用过程中具有较低环境影响的材料。这些材料通常具有可再生性、可回收性、可降解性等特点，对于保护环境、减少对自然资源的依赖和促进可持续发展具有重要意义。

（一）环保材料的种类

1. 生物质材料

如木材、竹材、秸秆、麻等，这些材料具有生物降解性、可再生、无毒、无害等特点，广泛应用于建筑、家具、包装等领域。

2. 生物基材料

通常是以农作物、动植物等为原料，通过化学和物理加工成型的新型材料，如生物基塑料、生物基复合材料等。这些材料具有可降解、可再生、可回收利用等优点。

3. 无机类材料

如石膏、玻璃、陶瓷、水泥等，这些材料具有耐候性、耐腐蚀性、热稳定性等特点。

4. 循环再生类材料

如再生聚酯、再生塑料等，这些材料通过回收加工而成，能够保护资源环境，减少浪费。

此外，还有一些具有特殊功能的环保材料，如光降解材料和生分解材料等。光降解材料是在材料中添加光催化剂，经太阳光照射后材料会分解成无害物质，而生分解材料则可在微生物的作用下分解为二氧化碳和水，不会对环境造成污染。

（二）环保材料的特点

1. 可降解性

环保材料可以分解成对环境无害的物质，减少污染物的排放。

2. 节能环保

环保材料在制造过程中使用了更少的能源和化学物质，实现了节能环保，减少了对环境的污染。

3. 推动可持续发展

使用环保材料可以促进可持续发展，减少对资源的依赖，推动国家经济和社会发展实现良性循环。

环保材料是解决环境问题、推动可持续发展的重要手段之一。随着科技的进步和环保意识的提高，环保材料的种类和应用领域将不断扩大，对于保护环境、促进经济发展和提高人民生活质量具有重要意义。

二、环保材料的发展趋势与前景

随着餐饮行业的快速发展和消费者环保意识的提高，餐饮空间设计在环保材料的应用方面呈现出明显的发展趋势。

（1）技术创新将成为推动环保材料应用的重要动力。新型环保材料的研发和应用将不断提升，以满足餐饮空间对美观、耐用和环保的多重需求。

（2）环保材料的应用将更加注重个性化和多样化。餐饮空间的设计风格和功能需求各异，因此，环保材料的选择和应用将更加灵活多样，以满足不同餐饮场所的个性化需求。

（3）循环经济和再利用的理念将在餐饮空间设计中得到更广泛的应用。废旧餐饮用品的回收和再利用将成为行业发展的重要方向，这不仅有助于减少资源浪费，还能降低环境污染，实现可持续发展。

（4）政策推动和市场驱动也将对餐饮空间设计环保材料应用的发展产生积极影响。政府对环保产业的支持和消费者对环保产品的需求将共同推动环保材料在餐饮空间设计中的普及和应用。

（5）餐饮空间设计环保材料应用的发展前景广阔。随着技术创新、个性化需求、循环经济和政策市场的推动，环保材料在餐饮空间设计中的应用将越来越广泛，为餐饮行业的可持续发展注入新的活力。

第三节　智能化技术在餐饮空间设计中的运用与前景

一、智能化技术与餐饮空间设计相结合

智能化技术与餐饮空间设计相结合是时代发展的产物，是餐饮空间设计发展阶段的必经之路，下面将介绍智能化餐饮空间设计的概念，并阐述两者相结合的必然性和可能性。

（一）智能化餐饮空间环境设计的概述

在智能化设计理念的引领下，餐饮空间设计正日益贴近当今互联网时代的脉搏。在这样的餐饮环境中，传统的服务人员角色被智能化系统所取代，顾客可以通过手机扫码或触控餐桌轻松完成点餐。当顾客需要加菜时，只需通过专属的 App 下单，系统便会迅速处理。食物制作完毕后，由专门的送餐机器人或高效的传送系统负责将菜品送至顾客面前，确保了服务的及时性和准确性。就餐结束后，顾客可以选择电子付款方式进行快速结账，整个就餐过程因此变得简单、便捷且高效。这种智能化的餐饮空间设计不仅提升了顾客的就餐体验，也代表了餐饮业向数字化转型的重要一步。

海底捞的智慧餐厅与北京冬奥会智慧餐厅便是智能化餐饮空间环境设计的典型案例（图 6-1 ~ 图 6-3）。

图 6-1　海底捞的智能菜品仓库

海底捞的智能菜品仓库是一个 0 ~ 4℃的恒温状态的仓库，其中这些可爱的手臂就是由松下和海底捞合资公司瀛海智能自动化研发打造的"配菜机械臂"，在接到前台顾客的点餐需求后，机械臂就会通过餐盘底部的 RFID 芯片从菜品仓库中抓取相应的菜开始配菜，每一个装食材的餐盘下面都镶嵌了一个 RFID 芯片，这些芯片就像是菜品的身份证，一方面帮助机械臂识别菜品，另一方面 RFID 芯片也能实现菜品的追踪，过期的菜品会被及时处理。

图 6-2　海底捞智慧餐厅的机器人送餐

图 6-3　北京冬奥会智慧餐厅

（二）智能化技术与餐饮空间环境设计结合的可能性

随着现代科技的飞速进步和人们生活品质的日益提升，我国民众对于精神生活的追求也日益增强。在餐饮领域，现代消费者在选择餐厅时，所关注的焦点已经远远超越了简单的"吃什么",而更多地关注于"如何吃"。因此,设计师在打造餐饮空间时,必须深入思考如何让顾客获得独特而非凡的用餐体验。

对于消费者而言,便捷、高效与舒适始终是他们的核心追求。特别是对于繁忙的商务人士来说,他们在选择餐厅时,更看重的是能否在简洁而不繁琐的过程中享受到美食。随着智能手机在我国的广泛普及,将智能化设计元素融入餐饮空间已经成为可能,通过对空间界面的精心设计与处理,智能化设计理念与餐饮空间设计可以完美地融合在一起。

时代的发展必然带来智能化设计理念与餐饮空间设计的融合,而现代科技的进步也为这一融合提供了高度的可行性。因此,设计师在进行创作时,不应受到生产技术的束缚。他们需要不断了解并掌握所在领域的前沿技术和成果,更新自己的思想观念,提升自己的视野,拓宽自己的认知领域。

从唯物辩证法的角度来看,世间万物都经历着由小到大、由简单到复杂、由低级到高级的发展过程,这是新事物产生和旧事物消亡的必然规律。在这个世界上,发展是普遍存在的法则,所有旧的事物都会因为其内部矛盾的斗争而逐渐演变出新的事物。因此,将智能化设计理念与餐饮空间设计相结合的尝试,无疑是室内设计领域的一次创新实践,它符合事物发展的一般规律。

尽管目前这一设计理念还处于初级的发展阶段,存在着诸多不平衡和不成熟的地方,暂时还不能完全替代传统的餐饮空间设计。但从长远的角度来看,基于用户体验的智能化餐饮空间设计,以满足大多数人的使用需求为前提,其实现的可能性是存在的,是符合时代发展的必然趋势,也是满足人们体验需求的最佳选择。我们有理由相信,随着时间的推移和科技的进步,智能化设计理念将在餐饮空间设计中发挥越来越重要的作用。

(三)智能化技术与餐饮空间环境设计结合的必然性

智能化技术,作为这个时代的杰出产物,正深刻地影响着我们的生活方式。在空间环境设计中,要想打造出独特且引人注目的作品,就必须紧密结合时代的发展趋势,顺应潮流,创新发展。随着各行各业逐步进入数字化时代,智能领域的产品如雨后春笋般涌现。如何将智能化设计手段巧妙地融入餐饮空间设计中,并注入更多人性化的设计理念,从而为消费者提供更为便捷的服务,已成为现代设计的核心追求。设计师们在打造餐饮空间时,致力于为消费者带来更加便捷与舒适的体验,同时确保各个功能分区的使用功能与表现形式更加贴近人们的实际需求。随着智能化设计领域的不断壮大,智能产品的更新换代速度日益加快,其可控性也越发强大。使用者可以根据自身需求,轻松预设光感强度、颜色、形状等多种参数。

将智能化技术与餐饮空间相结合,不仅是提升消费者体验的有效途径,更是时代发展的必然趋势。这种融合将为餐饮空间设计注入新的活力,推动其向更高水平迈进。

二、智能化餐饮空间环境设计范畴

在现存的部分餐饮空间设计中,无论是在光环境、热环境、空气环境还是色彩环境的设计层面,均存在亟待改进的问题。通过深入理解智能化设计理念,并将其灵活运用于餐饮空间的光环境、热环境、空气环境及色彩环境设计中,我们可以有效地针对这些现存问题进行整改与优化,从而为消费者营造出一个更加宜人、舒适的餐饮环境。这种智能化的整合方式不仅提升了餐饮空间的整体品质,更满足了现代人对高品质餐饮体验的追求。

(一)光环境设计

在室内设计中,光环境设计对于塑造空间氛围起着至关重要的作用。为了营造理想的室内氛围,设计师通常会运用两种主要的光环境设计方式:自然光和人工光。评价室内光环境效果的标准主要包括灯具选择的合理性以及对自然光的巧妙利用。人工光源依赖电控开关,其效果取决于人的决策,且不受时间和天气限制。然而,不当使用可能导致能源浪费。相比之下,自然光作为照明手段符合可持续发展战略,具有环保节能性。但自然光的使用受到诸多客观因素限制,如日照强度和昼夜变化等。

随着我国经济的持续发展和综合国力的增强,室内设计中的光环境设计也需要与时俱进。其设计理念应从满足基础照明需求,提升至满足审美需求,再进一步实现技术与艺术的融合,即兼顾合理性与观赏性。然而,当前餐饮空间设计中的光环境仍存在一些问题,如照度不足、色温过高、光域网设计缺乏美感和灯具与餐厅风格不协调等。为解决这些问题,智能化的照明系统成了一个有效的解决方案。智能灯具具备定时控制和光感控制功能,可根据光线强度自动调节照射强度。当自然光变暗时,智能照明系统可自动补光,同时支持人工预设照明时间。此外,一些创新型的智能灯具和开关设计也为餐饮空间的光环境增色不少。

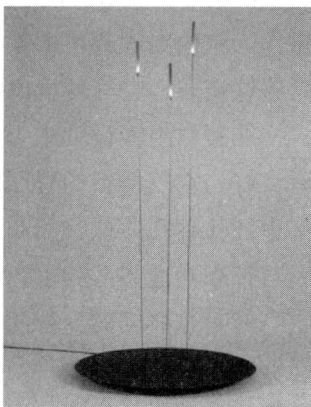

图 6-4 Inaho 互动落地灯

Tagent Design 公司设计的 Inaho 互动落地灯(图 6-4)则以其独特的互动性和寓意深长的设计赢得了广泛关注。这款灯灵感来源于田野中的稻穗,内置感应器可感知人的经过并引导灯身摇摆与人互动。将其摆放在餐厅走廊或大厅中,不仅提升了餐厅的整体格调,还为顾客带来了新奇愉快的体验。同时,Inaho 互动落地灯在安全性设计方面也表现出色,确保了顾客在互动过程中的安全。

（二）热环境设计

热舒适度作为评判热环境的主要标准，反映了人体对外界环境变化的生理反应。在餐饮空间设计中，热环境是一个需要特别关注的方面。当前，许多餐饮空间在热环境设计上存在不足，如我国东北地区冬季室内外温差大导致的门窗结冰问题，以及南方地区夏季闷热潮湿、空调能耗高且易引发空调病等问题。

为解决这些问题，我们可以从室内空间设计入手，结合传统与创新的设计手法。例如，借鉴中式建筑的中庭设计，将其融入餐饮空间，并配以景观植被。这种设计能利用中庭的空气流通性，有效缓解建筑内部空间的闷热问题。同时，双层或伞状屋顶的设计也有助于散去室内热空气。然而，这些设计手法也存在一定的局限性。如中庭区域的植物需要定期维护，屋顶设计可能受天气等因素影响，导致排水不畅等问题。为解决这些问题，我们可以考虑引入智能技术产品。

智能技术产品与室内空间设计的结合，为改善热环境提供了新的可能。例如，绿植墙与数控技术的结合，不仅能替代部分传统建材、节省成本，还能通过智能数控技术及时为绿植提供所需能量和肥料，保证其健康生长。智能百叶窗则能根据外界环境的光线、温度、天气等因素自动调节，以改善室内光线和温度，降低能耗。此外，智能植物装置的研发也有助于实时监测外部环境质量和空气质量，适时调节室内空气环境和温度。

（三）空气环境设计

空气环境设计这一概念的提出，源于对室内空气质量的重视和人们追求更高生活品质的需求。石铁矛等人在《室内空气环境的生态化及其设计原则》中强调了空气质量作为室内物理环境的重要因素，对人体健康的重要性。对于通风不畅的房屋，尤其是餐饮空间，空气环境设计的改善显得尤为重要。

在餐饮空间设计中，空气环境的好坏直接关系到顾客的就餐体验和健康。一个通风良好、空气清新的餐厅能够让顾客感到身心愉悦，增加对餐厅的好感度。然而，现实中往往存在一些空间布局不合理的餐厅，空气中弥漫着异味、灰尘和有害物质，给顾客带来不适甚至健康隐患。因此，空气环境设计在餐饮空间中的应用亟待改善。

针对这些问题，智能化设计为我们提供了新的解决方案。传统的空气净化器虽然能够在一定范围内改善空气质量，但存在定点局限性的问题。而空气智能净化器的研发则突破了这一局限，它不仅可以任意移动，还能自动监测污染源，为解决空气浑浊的问题提供了有力支持。此外，空气智能净化器还能检测出过敏原并隔离污染空气，释放洁净空气，为顾客提供更加健康、舒适的就餐环境。

除了空气智能净化器外，空气净化墙体也是一项具有创新性的科技产品。它利用仿生学原理设计，外表美丽如鱼鳃，工作时闪烁着湛蓝色的光芒。通过实时感知天气、温度、湿度等外在条件，空气净化墙体能够调节空气环境质量，使之达到优良空气质量的标准。这一产品的应用将为餐饮空间带来更加清新、宜人的空气环境。

此外，为了应对雾霾等恶劣天气对室内空气的影响，配备实时空气质量检测仪也是一个有效的对策。它能够检测出实时空气质量，及时提醒人们采取相应措施应对恶劣天气侵扰。在餐饮空间中配备实时空气质量检测仪，可以让顾客更加放心地就餐，同时也体现了餐厅对顾客健康和环保责任的关注。

（四）色彩环境设计

色彩环境设计在餐饮空间中的重要性不容忽视。正如戴丽玉在《消费市场细分下的餐饮空间设计研究》中所强调的，色彩是餐厅营造意境和视觉情景化的关键因素。通过巧妙运用色彩心理学和搭配原则，设计师能够创造出宜人、舒适且引人入胜的用餐环境。

在智能化设计趋势下，餐饮空间的色彩运用更应注重与高科技产品的融合。智能照明系统就是一个很好的例子，它允许我们根据需要调整光线的颜色和亮度，从而轻松实现就餐区色彩的自由搭配和协调统一。这种灵活性不仅提升了空间的美感，还有助于营造不同的用餐氛围，满足不同顾客群体的需求。除了智能照明，还有一些创新的智能产品能够为餐饮空间的色彩设计增添更多可能性。比如热变色桌子，它利用特殊的化合物在受热或冷却时改变颜色，为用餐者带来新奇的视觉体验。这种桌子不仅科技感十足，还能根据环境温度或人为操作展现出丰富的色彩变化，增添用餐的趣味性和互动性。另外，智能墙体也是一个值得关注的创新产品。它能够通过内置的控制系统接收使用者的设置指令，并根据外界温度变化调整自身温度值，进而产生相应的色彩变化。这种智能墙体不仅具有装饰性，还能实时反映室内环境状况，提升用餐空间的舒适度和智能化水平。

三、餐饮空间各功能空间设计中的应用

（一）等候区的设计

在餐饮空间设计中，等候区的设计常常被忽视，然而它却是影响顾客体验的重要环节。对于许多生意兴隆的餐厅来说，用餐高峰期时的排队和拥挤现象几乎不可避免。上班族等特定人群由于时间限制，更可能选择在同一时段就餐，从而加剧了排队问题。因此，如何通过设计改善等候区的环境，提升顾客体验，就显得尤为重要。

传统的等候区设计往往只是在门口摆放一些临时座椅，这不仅让顾客感到被忽视，还可能因为嘈杂的环境打扰到正在用餐的顾客。然而，通过融入科技智能化和人性化的设计元素，我们可以让顾客在等待的时间里获得更加愉悦和有价值的体验。

一种有效的设计思路是将等候区与一些实用的功能相结合。例如,可以设置免费的照片打印设备,让顾客在等待的同时打印自己喜欢的照片,从而转移注意力,减轻等待的焦虑感。同样,提供咖啡机和咖啡桌也是一个不错的选择,让顾客在品尝咖啡的同时等待座位,这种设计不仅合理利用了等待时间,还提升了顾客的满意度。

另一种创新的设计思路是颠覆等候区的传统功能,将其转变为一个娱乐或休闲的空间。例如,可以设置微型电影院播放短视频、音乐剧、MV等轻松的内容,让顾客在等待的过程中享受视听盛宴。此外,智能电子触屏查询一体机也是一个实用的设计,顾客可以通过它查询餐厅的空位情况、特色菜品等信息,从而更加便捷地了解餐厅的情况。

最后,将等候区打造成一个小型智能电玩区也是一个富有创意的选择。通过提供益智类、竞技类等小游戏,如智能五子棋人机对战、跳舞机等,让顾客在等待的同时享受游戏的乐趣,甚至达到强身健体的效果。

通过结合科技智能化和人性化的设计手段,我们可以将等候区打造成一个充满趣味和实用性的空间。这种设计不仅能够缓解顾客等待时的焦虑感,还能提升餐厅的整体形象和顾客满意度。因此,在未来的餐饮空间设计中,我们应更加重视等候区的设计与创新。

(二)服务区的设计

服务区,顾名思义是有餐厅的工作人员为有需求的顾客提供服务的区域。这个区域的名称不是固定的,有时也可称作服务台、吧台区、接待区或者是收银区,一般餐厅是将这两种功能结合在一起进行设计,有些则是分开规划设计在餐厅的两个不同的空间。这个功能空间的设置是为前来咨询的顾客解决问题、为顾客就餐完毕前来结账所提供的区域,当然也是餐厅的收银员与餐厅的招待人员日常工作的区域。目前我国的餐厅接待区与收银区存在着这样的现状:服务区的交通流线设计的不够明确,第一次来餐厅就餐的顾客寻找服务台需要依靠询问等方式方能找到;服务区的使用功能较为单一,仅仅局限在结账、付款、询问等这些基础功能上,有些在服务区潜藏的新功能并没有得到合理的开发与利用。

面对这两种待解决的现状,如何做到合理开发利用服务区的新功能,改善使用功能单一的局限性,可以从以下两方面着手:

对于解决第一个现状,应该从注重餐厅内部空间的导向标识系统开始。可以在顾客从进门到服务台的这一段区域的吊顶或者地面嵌入智能导向标识系统。传统型的静态导向标识具有局限性,例如其外观不易改变、适应的场景单一。在室内采用智能导向标识系统,可以不受标识信息改变带来的局限,通过智能系统的预设,当标示信息发生改变可以做出相应的调整。并且,智能导向标识系统除了具备可变性和适应性外,还更具人性化设计。通过对顾客进入餐厅以后的说话声音、脚步声进行感应，并借助一定的方式输出，可以将指示作用的箭头以电子屏装置的方式与入口区吊顶设计或地面铺装设计相结合进行嵌入式设计，进而接收到指示命令所传达的工作。

针对第二个现状，笔者认为可以从改善服务台的功能结构单一方面入手，挖掘更多潜在使用功能，使服务台的使用功能更加丰富和全面。服务台的基本使用功能是结账与咨询，有时还会与销售一些餐厅的特色产品相结合进行设计。对于一个餐饮空间来讲，接待区往往还有许多待发掘的功能。可以在服务台附近设置一个智能储物柜。这类储存柜能够为餐厅中的会员顾客储存一些容易与他人混淆的私人物品，比如筷子，刀叉，餐盘等。为会员顾客提供专用的用具的服务，卫生又安全，同时避免了一次性纸杯的浪费，体现了绿色节能性。

（三）散座区的设计

散座区在餐厅设计中占据举足轻重的地位，它不仅是顾客初入餐厅时的直观感受来源，更是设计师在营造整体氛围和主题性时的重点考量。在规划与设计散座区时，设计师须兼顾合理性与人性化设计的统一，确保能满足不同类型餐饮空间的功能性与顾客的需求。

然而，当前我国餐厅散座区的设计现状堪忧。一方面，布局划分缺乏合理性，顾客的私密性无法得到保障，大量潜在空间被忽视和浪费。另一方面，散座区桌椅数量有限，高峰期时资源紧张，供不应求。同时，功能单一，仅能满足基础就餐需求，其他潜在功能未被发掘和利用。在空间布局方面，散座区的功能分区划分不合理，空间利用不充分，隔断设置不当，易对相邻顾客造成干扰，影响顾客就餐心情和体验。

为改善和优化这一现状，设计师在划分与设计散座区功能分区时，应着重考虑空间利用和功能拓展。可以发掘潜在空间并赋予其新功能，如借鉴上海海底捞餐厅的智能餐桌设计。该餐桌界面设有触摸区，可与餐盘互动播放动画、投影菜单、玩游戏等，还具备更换桌布功能，根据顾客需求展示不同风景图片，提升就餐体验。

在散座区划分方式上，除常用隔断和卡座外，还可考虑垂吊布帘、水晶帘等遮挡方式。对于隔断选材，耐脏、耐用的板材和墙体涂料是常见选择。然而，这些材料功能单一，具有局限性。相比之下，智能调光玻璃隔断则展现出多元化和人性化的优势。其面板结构由玻璃、复合胶片和液晶调光膜组成，隔音效果和透光率显著优于普通隔断。此外，使用期限长、易清洁、可根据电子指令随意移动设置数量和位置，极具灵活性。

（四）包房的设计

在餐饮空间设计中，包房或包间的设计尤为重要。进行改造时，必须考虑不同人数对包房面积的需求，从而确定大、中、小及超大型包房的划分。通常，4 ~ 6 人的为小型，8 ~ 10 人为中型，12 ~ 14 人为大型，而超过 16 人则为超大型。对于 10 人以上的包房，应设休息区，豪华或 VIP 包房更应配备独立卫生间。

在包房的照明设计上，传统做法是在吊顶中心放置大型吊灯。然而，由于房间高度问题，这种照明方式往往效果不佳。因此，需要增加辅助照明，如灯带和射灯，以提升照明度并增强菜肴的视觉效果。但同时开启多种灯具会造成能源浪费。

智能灯具为这一问题提供了解决方案。通过手机 App，可以轻松控制灯具的开关、亮度、色温等，甚至设定工作时间，从而避免不必要的电能浪费。此外，智能灯具还具备感应功能，实现人来灯亮、人走灯熄，充分体现了人性化设计。

智能化设计在包房中的应用远不止于此。例如，日本某餐厅采用的同时进餐系统，让身处两地的顾客能够透过屏幕面对面用餐，为异地恋人和分隔两地的亲人提供了独特的团聚体验。

在包房空间界面设计时，细节同样重要。餐桌的摆放应避免直对门口，以保护顾客隐私。大型包房若设备餐间，其门应与包房门有所区分。高档包房中的衣帽间和会客区应与整体风格保持统一，嵌墙式设计是不错的选择。卫生间天花板应选用防潮防锈的铝板或金属板材，以确保安全。

包房内的装饰画应选择大多数顾客能欣赏的内容，如自然景物、花鸟、人物和书法作品。避免过于抽象或难懂的画作，且原作比印刷品更能彰显餐厅品位。若设置电视机，应根据人体工程学原理放置在合适的高度。

保护顾客隐私是包房设计的关键要素之一，同时交通流线应保持畅通，以便在紧急情况下及时提供帮助。在设计风格上，包房应与整个餐饮空间相协调，每个包房可以有独特的概念元素，但整体风格应统一。

（五）卫生间的设计

在餐饮空间设计中，卫生间虽然并非核心功能区域，但其重要性不容忽视。一个别具一格、精致有特色的卫生间，甚至可以成为餐厅的服务亮点，吸引顾客前来体验。

首先，卫生间的设计风格应与餐厅整体风格保持协调。例如，如果餐厅采用地中海风格，而卫生间却采用简欧风格进行装饰，就会给人在视觉上造成不和谐的感觉。此外，一些餐厅仍在使用蹲便而非马桶，这在一定程度上给部分顾客，尤其是女性顾客带来使用上的不便。同时，有些餐厅的马桶在更换坐垫时需要顾客自己动手，这也影响了顾客的使用体验。

为了改善这些问题，我们可以在卫生间中引入一些智能化的设备。例如，智能抽水马桶、红外线感应水龙头、感应式灯具等，这些设备不仅可以提升卫生间的品质感，还能给顾客带来更加便捷和舒适的使用体验。具体来说，智能抽水马桶具备自动清洗、座圈保温、自动除臭和暖风烘干等功能，让顾客感受到高级设计的便捷性。而自动更换马桶卫生坐垫的马桶盖，则可以通过感应或开关操作实现坐垫的自动更换，确保顾客使用的卫生和整洁。

在对卫生间进行改造设计时，有几个要点需要特别注意。一是设计要合理，要满足人的基本使用需求和心理需求。卫生间应有舒适的整体空间感，保证私密性和人性化，同时在设备和装修材料上推陈出新，不脱离整体主题氛围。二是卫生间门的位置设计要避免朝向就餐区餐桌，同时从卫生间到就餐区的交通流线要方便合理，让顾客能够轻松找到卫生间并节省时间。三是要注意卫生间墙壁表面颜色的选择以及灯光效果的营造。暖色灯光是餐饮空间内部的主要光源，卫生间也不例外。根据餐厅的主格调选择适合的墙面装饰材料和颜色，在暖光的映衬下营造出温馨浪漫或高端神秘的氛围。

（六）厨房的设计

厨房作为一个相对私密的空间，它不仅承载着主副食材的加工、储备备餐、设备消毒与存储等基础功能，还需兼顾食材库房、厨师更衣区、餐厅办公区等附加功能区域的设计。厨房设计的合理性直接关系到厨师和服务人员的工作效率，因此，安全性应成为厨房设计的首要考虑因素。

在布局设计方面，厨房存放处的生熟隔离原则必须严格遵守，以确保食材的安全与卫生。备餐间通向就餐区的送餐通道应设计得尽可能直接，避免不必要的弯道，从而方便餐车的推送。同时，厨房的交通流线应与就餐区顾客的交通流线保持独立，以避免在使用时造成干扰。厨房内部各功能分区的划分应协调一致，为工作人员创造便捷的工作环境。

在厨房与就餐区的衔接处，设计时应注重隔离效果，可以选择使用隔离性较好的门、屏风或玄关，以有效隔绝厨房操作间的味道和气体，确保就餐区的空气清新。

除了空间规划，厨房的硬件设施设计同样重要。通风系统是决定餐厅内部空气质量的关键因素之一。选用高效的排烟设施能够保障厨房内部空间的空气质量，为厨师创造一个舒适的工作环境，从而提高工作效率，为餐厅带来更多的效益。

针对厨房夏季闷热和空气不流通的问题，智能油烟机的应用提供了一个有效的解决方案。这种油烟机结合了现代工业自动控制技术、互联网技术和多媒体技术，能够自动感知工作环境和产品状态，并接收用户的远程控制指令。其工作原理是通过感应器监控空气质量，一旦厨房产生油烟，智能油烟机便会自动启动排烟模式；当油烟排尽后，它会自动停止工作，从而为厨房创造一个适宜的空气环境。这种人性化的设计不仅免去了人工操作的麻烦，还实现了能源的节约。

四、智能化餐饮空间环境设计策略

通过对智能化餐饮空间环境设计范畴的归纳，对智能化设计在餐饮空间各功能空间设计中应用的了解，可以汇总并总结出以下三点智能化餐饮空间环境设计策略。分别是顺应环境的需求、展现设计以人为本的优势和注重多维度的个性化需求。

（一）顺应经济环境的需求

在中国共产党第十九次全国代表大会上，习近平总书记深刻剖析了我国当前及未来数十年的经济发展趋势。他明确指出，我国经济已经从过去的高速增长阶段转变为追求高质量发展的新阶段。在这一转变中，我们面临着转变发展方式、优化经济结构、寻找新的增长动力等重大挑战。因此，构建现代化经济体系成为我们跨越这一关键时期的迫切需求，同时也是我国发展的战略目标。

在这一宏观背景下，餐饮服务行业作为经济体系的重要组成部分，也必须积极响应并适应这一变革。特别是在室内空间环境设计方面，应融入智能化设计的理念和实践，以提升服务质量、提高运营效率，并增强创新活力。这不仅有助于提升餐饮行业自身的竞争力，更能为推动我国经济迈向高质量发展新阶段贡献重要力量。

（二）展现设计以人为本的优势

作为科学发展观的核心，"以人为本"的原则体现了中国共产党人全心全意为人民服务的坚定宗旨。在餐饮服务行业，这一理念同样具有深远的指导意义。为了推动经济效益的提升，餐饮行业必须将"以人为本"作为经营的核心价值，将服务质量置于首要位置，致力于为顾客提供更为细致入微、人性化的服务体验。

这种服务理念贯穿于顾客从选择餐厅到离开餐厅的整个过程中，体现在服务的每一个环节和细节上。因此，餐饮空间的室内环境设计，作为与顾客产生直接互动的重要媒介，必须深刻反映并践行这一原则。它不仅需要满足顾客的基本功能需求，更要关注顾客的心理感受和情感体验。通过精心设计的环境布局、舒适宜人的氛围营造以及人性化的服务设施，让顾客在用餐过程中感受到温馨、舒适和尊重，从而提升顾客满意度和忠诚度，为餐饮行业的可持续发展奠定坚实基础。

（三）注重多维度的个性化需求

每日踏入餐厅的顾客宛如一幅多彩的画卷，他们的职业、年纪、性情、性别都各有不同，每一个人都是独一无二的存在。他们对于餐厅所呈现的服务，都怀揣着各自独特的期待与想法，这些差异化的需求，在多个维度上交织成个性化的诉求。餐厅若想在林林总总的餐饮世界中崭露头角，吸引更多的食客驻足与回味，就必须敏锐地捕捉到这些顾客群体间的微妙差异。营造一种使顾客在用餐时沉浸其中的情感化氛围，是至关重要的。当餐厅能够细心体察并满足顾客的个性化需求时，就能在顾客心中种下难忘的回忆，使每一次的用餐体验都成为他们再次选择这家餐厅的坚实理由。

因此，餐厅不仅是一个提供美食的场所，更是一个创造美好记忆、满足人们个性化需求的温暖空间。只有深刻理解并尊重每一位顾客的独特性，餐厅才能在激烈的市场竞争中稳固其地位，赢得顾客的忠诚与喜爱。

五、智能化餐饮空间环境设计要素

空间的组成要素有很多，要想把它们搭配在一起共同构成一个兼具合理的使用功能和美观的设计界面的空间，需要从餐饮空间设计的组成要素的角度进行分析，以此为设计重点进行构思与空间规划。通过采用对比、分析、实地调研等研究方法，总结归纳出智能化餐饮空间设计应该在高科技、文化、创新、附加值这四方面有所体现。所以，智能化餐饮空间的设计要素应该从以下几个方面去把握。

（一）设计的创新

创新性，亦可诠释为创造性，它体现了个体在产出新颖独特且具备社会价值的产品时所展现的能力或特质。在餐饮空间设计的领域里，要构筑出富有创新性的作品，其核心在于为广大的使用者提供更为便捷的设计方案。这种以创新为驱动的设计理念，不仅能为餐厅塑造独特的品牌形象，更能为其带来可观的经济回报。

那么，如何才能在餐饮空间设计中融入创新性呢？可以从"发明"和"发现"两个维度来探讨。

"发明"意味着创造出前所未有的事物。在室内设计的语境下，发明可以是对空间界面装饰形式的全新构思，也可以是在既有设计基础上的巧妙变革。一个真正新颖的设计，必然是设计师与空间本身在深层次上的和谐共鸣。设计师需要敏锐地感知空间的需求与缺失，并通过设计语言将其巧妙地表达出来。

而"发现"则类似于"发掘"，它是指寻找并揭示出那些已经存在但尚未被人们注意到的事物。在室内设计中，发现就是敏锐地捕捉到空间中的独特元素，并通过设计手法将这些元素突出展现。例如，在餐饮空间中，散座区和包房区往往是需要特别关注的区域。设计师可以深入挖掘这些区域的特点，通过桌面设计以及与周围环境的巧妙搭配，打造出别具一格的用餐体验。

（二）现代化的高科技技术

高科技的应用确确实实已经逐渐渗透到各个领域，包括室内设计。尽管室内设计师的专业背景可能并不直接涉及信息技术，但在当前科技快速发展的环境下，设计师必须对智能信息技术的基本知识和相关产品有一定的了解。科技作为第一生产力，对于推动社会经济的发展具有决定性的作用，因此，室内设计师需要与时俱进，积极了解并学习新的技术知识。

在餐饮空间设计中融入智能化元素，可以为顾客带来前所未有的便捷与舒适体验，这也是科技与艺术相结合的成功之处。以阿里首家智能餐厅为例，其最大的智能化设计亮点在于支付方式的创新。通过运用物联网技术和升级的支付理念，该餐厅实现了刷脸支付，顾客只需首次就餐时进行支付宝扫码授权和人脸识别确认身份，之后再次光顾时即可享受无须手机的便捷支付体验。

此外，在点餐流程上，智能餐桌取代了传统的点餐方式，顾客可以在餐桌上通过智能屏幕浏览详细的菜品信息，包括菜式、主料、辅料等，并完成点餐操作。同时，餐桌还具备娱乐功能，如游戏等，能够有效帮助顾客打发等餐时间，提升就餐体验。

值得一提的是，该智能餐厅还通过智能化的服务流程简化了传统餐饮服务中的繁琐环节。顾客在需要帮助时，只需点击桌面上的帮助按键，后台工作人员便能及时响应并提供服务。这种智能化的服务模式不仅提高了服务效率，还使顾客能够更加自主地享受就餐过程。

（三）独特的文化与内涵

文化理念是一个国家和民族的灵魂所在，它深深植根于人们的内心，反映着对文化的渴望和追求。在餐饮空间设计中，文化设计的运用不仅是对传统文化的传承和弘扬，更是对现代人精神需求的满足和升华。当智能化设计与文化设计相结合时，我们需要在保留文化表达的同时，融入科技的力量，创造出既具有历史韵味又充满现代感的餐饮空间。

从发展阶段的角度来看，设计的文化性不仅仅是对历史文明的简单再现，更是对人们内心文化需求的深刻洞察和表达。无论是中国文明、北欧文明还是埃及文明，每种文明都有其独特的魅力和内涵。在餐饮空间设计中，我们可以从这些文明中汲取灵感，提取经典的文化元素进行再创造和升华，使设计既具有历史的厚重感，又能满足现代人的审美和功能需求。

地域文化对餐饮空间设计的影响也是不可忽视的。不同的地区孕育出不同的地域文化，这些文化特色对当地人的生活方式和审美观念产生着深远的影响。在餐饮空间设计中，地域性的设计元素可以决定一家餐厅的风格定位，使其与所处的环境和谐相融。例如，位于上海市的"Original+"肯德基首家概念店（图6-5），其设计风格借鉴了中国江南古镇的四季景致和原木色调，营造出一种安稳、静谧的氛围。同时，餐厅内还融入了人工智能点餐机器人、自助点餐机等智能化设备，以及时尚炫酷的"音乐充电桌"，使顾客在享受美食的同时，也能感受到科技带来的便捷和惊喜。

图 6-5 上海"Original+"肯德基

从视觉效果给人带来的内心愉悦感这一层面来说，体现文化性的设计可以让使用者感受到各种文明所具有的特点和魅力。通过与智能化设计的巧妙结合，我们可以更好地展现设计的震撼效果，让顾客在用餐过程中享受到一场视觉与味觉的双重盛宴。同时，这种融合了科技与文化的餐饮空间设计，也能成为城市中的一道亮丽风景线，吸引着更多人的目光和脚步。

（四）以人为本与附加值

附加值，源于产品对客户更高层次需求的满足，为企业带来的超额回报。在智能化餐饮空间设计中，附加值的设计因素应首要考虑以人为本的理念，即从顾客的角度出发，打造更具人性化的设计。这样的设计不仅要给顾客带来额外的便捷体验，还要能为餐厅创造额外的利润收入。这是智能化餐饮空间设计在构建附加值时的指导原则。

餐厅提供附加值服务，是餐饮空间设计的重要考量点。餐厅的额外收入建立在顾客的良好口碑和重复光顾之上。因此，设计师需要敏锐地捕捉灵感，发掘空间内隐藏的使用功能，为顾客带来更便捷的体验。当顾客在餐厅中感受到这种便捷时，他们更有可能成为回头客。

附加值的影响因素主要有三点：产品品质、餐厅服务和餐厅内部氛围环境。产品品质包括菜品、酒品的品质，以及盛放食材的容器颜色和酒水温度等细节。餐厅服务则体现在餐厅的招待心意和对顾客的感谢之情上。餐厅内部氛围环境则是餐厅给顾客的整体感受，即舒适感。为了体现舒适感，我们需要关注以下三个方面：

首先，餐厅内部的灯光处理至关重要。采光良好的环境能给人带来愉悦的就餐体验。除了利用自然光源外，还需要合理选用灯具进行辅助照明，以应对光线不足的情况。

其次，餐厅的美化也是提升附加值的关键。现代餐厅不仅需要满足顾客的餐饮需求，还需要提供会客、休闲、新奇体验等多种功能。在美化处理上，可以巧妙运用智能化设计理念，创造出简洁而不失层次感的空间效果。例如，在中餐厅设计中设置幕墙并融入智能化设计元素，营造出自然景象；在西餐厅设计中引入海洋元素，结合智能化设计和干冰升华现象打造室内海洋景观。

最后，餐厅内部的通风设计也不容忽视。通风管道的铺设要注意流转顺畅，部件间距合理。对于裸露在外的通风管道，应根据设计风格进行恰当处理，如工业风可保留金属管道原貌以体现设计内涵，其他风格则需注意管道包装与周围环境的协调统一。

六、智能化餐饮空间环境设计的原则

（一）智能型市场导向性原则

在世界历史的长河中，不同国家在进行经济改革时，都普遍强调市场导向的重要性。对于餐饮业而言，这意味着要紧密围绕消费者的需求来开展经营。智能餐厅的兴起与发展，不仅顺应了当前我国生产力水平的提升，也预示着未来餐饮业的发展趋势。市场导向性原则在餐厅经营中起到了积极的引导作用，对餐饮空间设计同样具有重要的指导意义。

在智能化餐饮空间的设计中，遵循市场导向原则的同时，也要充分发挥智能与创意的特点。这要求餐厅在为目标市场和消费者提供服务时，必须运用最恰当的设计、服务与营销手段。通过将现有的智能化设计元素融入空间中，并借鉴同类型餐厅的设计手法与风格，我们可以寻找到新的灵感突破口，使自身的餐厅设计更加卓越、超前。

此外，满足大众需求的餐饮空间设计也是至关重要的。在这个快节奏的时代，人们渴望在工作之余找到一处休闲放松的场所。因此，有些餐厅主打轻松和谐的就餐氛围，以满足这一市场需求。位于北京五道口的必胜客智能餐厅就是一个典型的例子。其内部的装饰设计充满科技感，装修风格中融入了金属元素，通过玻璃虚隔和空间层次的变化，以及天花板和墙壁的倒圆角设计手法，为顾客带来了现代感与趣味性的视觉体验。该餐厅的智能化设计体现在多个方面。例如，二楼入口处的智能镜子由联想科学技术支持运行，顾客在等餐时可以照镜子并体验健康指标扫描功能。此外，就餐桌面也具备播放动画的功能，为顾客提供了不同寻常的用餐体验。科技与设计的完美结合使得这家餐厅在市场中脱颖而出。

从设计的角度来看，该餐厅在每个功能区域内都实现了融会贯通的设计手法，整体性与连续性得到了充分体现。这种设计理念不仅提升了餐厅的美观度，也优化了顾客的就餐体验。

（二）智能型健康环保性原则

在 21 世纪，随着工业化进程的快速发展，全球各国都深刻认识到"保护地球环境、爱护绿色家园"的重要性，并将这一理念视为必须承担的责任。为了为后代留下更多可利用的自然资源，当代人在进行建筑装饰时，必须遵循健康环保的原则。智能化餐饮空间的设计也不例外，同样需要遵循这一重要原则。

我们所生活的地球上的自然资源是有限的，因此在进行空间装饰设计时，我们需要考虑如何更好地利用废弃材料，实现变废为宝。通过回收和再次使用装饰材料，我们不仅可以节省成本和预算，还能节约资源，遵循健康环保的原则。这种循环利用的理念在智能化餐饮空间设计中具有重要意义。

此外，在智能化餐饮空间的设计过程中，应高度重视可再生资源的使用，如风能和太阳能等。通过充分利用室内的通风条件，可以在一定程度上减少室内空调的使用，从而降低能源消耗。同时，合理利用顶棚的构造，将自然光和光照温度充分利用起来，既可以节省使用电灯的成本，又践行了绿色环保的倡导。

智能化餐饮空间的设计不仅要满足功能性和美观性的要求，更要注重健康环保性原则的贯彻。通过采用环保材料、节能技术和可再生资源等手段，我们可以打造出既舒适又环保的餐饮环境，为未来的可持续发展贡献力量。同时，这也是当代人社会责任和环保意识的体现，让我们共同为地球家园的美好明天而努力。

（三）智能型主题文化性原则

文化的形成与人类的发展历程紧密相连，随着人类对自身和周围世界的认识不断加深，文化也逐渐产生并丰富起来。文化不仅与自然界万物相互交融、沟通，更是一种社会现象和历史现象的体现，它存在于各种事物的形态中，同时又以无形的状态游离于万物之外。文化既可以传承国家文化和民族历史，也可以表现为传统习俗、文学艺术、思想和观念等多种形式。

在进行智能化餐饮空间的设计时，尊重文化性并体现主题文化性原则是至关重要的。不同地区拥有独特的文化差异，而民族文化则是对人们产生深远影响的重要因素之一。因此，将具有民族韵味的细节装饰融入智能化餐饮空间的设计中，可以营造出一种特殊的主题文化氛围，为顾客带来独特的体验和感受。

此外，体现主题文化性还可以从历史事件、时代特点或特殊爱好等方面入手。通过巧妙运用这些元素，设计师可以为智能化餐饮空间注入更加丰富的文化内涵，使其成为一个展现多元文化魅力的场所。这样的设计不仅有助于提升餐饮空间的文化品位，还能吸引更多对文化感兴趣的顾客，为餐饮业的发展注入新的活力。

（四）智能型个性化娱乐原则

随着时代的不断发展，设计业也经历了三个重要的进化阶段。最初，设计主要是为了满足人们的基本需求；随后，设计进入了共同协助完成阶段，设计者与体验者开始共同创造设计成果；而如今，设计已经进入了第三个阶段，即使用者成为设计的核心，强调参与性和互动性。

在智能化餐饮空间的设计中，为使用者带来新奇的用户体验显得尤为重要。尤其是在现代生活节奏不断加快的背景下，人们在就餐时更加注重身心的放松以及与空间的互动。因此，餐厅设计需要充分融入个性化的设计元素，使顾客能够与设计产生互动行为，满足他们的心理需求和感官享受。

除了迎合大多数消费群体的需求外，餐厅在装饰设计时还需要考虑如何融入创新点，以在激烈的市场竞争中脱颖而出。以上海市的必胜客"PH+"概念店为例，这家餐厅通过视觉形象的升级和个性化的店面设计，给顾客带来了简洁干练的感觉；同时，餐厅还引入了可爱的机器人服务员（图6-6）和自定义披萨的大型触摸屏（图6-7）等智能化设备，不仅方便了顾客的使用需求，还提升了餐厅的科技感和趣味性。

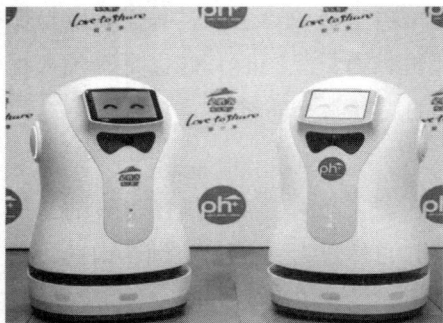

图6-6　机器人服务员　　　　图6-7　自定义披萨的大型触摸屏

七、智能化餐饮空间环境设计发展的趋势与前景

智能化餐饮空间设计作为一种新型设计在发展的初期也面临一些挑战，比如智能化与设计的融合问题、智能化设计的产品之间的互相连通的统一标准也有待于确立、智能化的操作流程有待于简化、智能化设计的数据隐私需要得到安全的保障以及在价格方面还不是很亲民。但是，对于大数据时代发展要求来讲，智能化设计作为时代发展到一定阶段的产物，智能化与餐饮空间设计的结合是一个必然的趋势。

目前，不论是国内还是国外，对结合智能化设计的案例都有例可借鉴，但目前来讲还是处于小众阶段。对于其成本而言，短期来看是高于以往的非智能化设计，但随着互联网技术的普及与相关先进的生产技术的发展，智能化餐饮空间设计的应用会越来越多，成本自然也会随之下调。就如同智能手机，前几年由于生产水平还不是很高、人们经济水平有限，很多人往往还买不起智能手机，但是现在的智能手机可以说是已经具有普及性了，无论在哪里都能见到使用智能手机的人了。而且，智能手机作为一个移动的智能终端，与智能化设计结合使用也是大数据时代发展的必然趋势。

无论是在哪一方面，餐饮空间设计与智能化设计相结合的方面都会越来越多，智能化能运用在各个空间要素的广泛使用性特征也会越来越突出。从使用手机 App 来挑选餐厅，到进店预约就餐、点餐、等候时的消遣方式，再到就餐完付款离开，智能化设计的体现会越来越多，并且还会伴有现在预想不到的新形式的产生。

课后习题

1. 什么是可持续设计原则，分析我国餐饮空间的可持续设计挑战与应用策略。
2. 环保材料的种类有哪些？有什么特点？
3. 结合实例，论述智能化技术在餐饮空间设计中的应用及其带来的便利与优势。

第七章

学生作品解析

作品一 "小鲜岛"蒸汽海鲜餐厅餐饮空间设计

项目面积：约 450m²

设计者：李晨琳　陈欣雨

一、设计概况

"小鲜岛"蒸汽海鲜餐厅坐落于天津近郊风景如画的融创·星耀五洲，这里不仅是文化与生活、时尚交汇的崭新商业领地，更是汇聚了商城、小区、学校等多元生活配套，占地面积395m²。项目地处津南区，位于融创阿朵云岛旅游度假区的核心地带，地理位置优越，交通便利，吸引了源源不断的客源。周边环境优美，配套设施完善，为顾客提供了舒适便捷的用餐体验。

在着手设计之前，学生们进行了详尽的前期调研工作，深入分析了餐厅的地理位置、环境特征、消费习惯及市场定位、潜在客源等多个方面。

餐厅地理位置优越，但内部空间存在高差（图7-1），因此学生们计划通过巧妙的衔接设计，优化空间布局。针对入口处层高较高的特点，他们计划采用纵向的顶面设计，以增强空间的纵深感和延伸感，同时确保这一设计与整体风格协调统一。南面拥有充足的自然光线，学生们计划保留大面积的玻璃窗，让光线充分洒入室内，营造出明亮舒适的用餐环境。

图7-1　餐厅现场图片

空间内有多根直达房顶的柱子，设计团队在保持美观的同时，也充分考虑了结构安全，计划在不破坏房屋结构的前提下，进行巧妙的设计，让柱子成为空间的亮点。此外，餐厅还拥有外摆区，学生们计划在这一区域设计遮阳遮雨设施，确保顾客在享受美食的同时，也能拥有舒适的户外用餐体验，并注重保护顾客的隐私。

从消费习惯来看，当地人均消费金额较高的菜系主要集中在江河湖海鲜、日本菜、西餐等。考虑到"小鲜岛"蒸汽海鲜餐厅的市场定位，学生们将人均消费金额设定为150～250元，以吸引对中高端餐饮有需求的消费者。同时，他们注意到津南区的餐厅评分普遍较高，因此强调在设计上必须注重风格与质量的双重提升，以在激烈的市场竞争中脱颖而出。

在客源分析方面，学生们发现顾客来源广泛，包括旅游度假游客、周边工作人员、附近小区居民以及商圈消费者等。这一多元化的客源结构为餐厅带来了稳定的客流，也为餐厅的经营提供了更多可能性。

学生们从河北阿那亚礼堂（图7-2）的建筑风格中汲取了灵感，将其干净简洁的线条和内涵丰富的设计元素融到餐厅的空间规划中。他们希望通过这种设计手法，让餐厅的空间不仅具有长久的生命力，还能与海岛度假的氛围完美契合。为了营造这种氛围，学生们巧妙地利用了空间内的柱体，通过创新的设计手法，使空间变得更加灵动，充满曲线美。这样的设计不仅提升了空间的视觉效果，还使人在其中的流动更加自由、舒适，完全符合度假放松的需求。

图7-2 河北阿那亚礼堂

学生以餐厅名称作为切入点，"小"即追求精致与细节，营造精致时尚的空间形态；"鲜"配合以海鲜模型呼应主题；"岛"抛弃以往藤编度假风，从河北阿那亚礼堂汲取灵感，现代极简与工业风碰撞，追求更纯粹的感官体验。大面积采用微水泥，以及深灰色大理石和金属材质，同时配合绿植让餐厅更具度假气氛，增加极简工业风灯具，以营造更符合前沿审美和更具高级感的空间。

在材料选择上，他们选用了微水泥、金属以及乳白色的立邦漆，这些材料共同营造出一个柔和、放松的空间色调，进一步增强了度假的氛围。同时，考虑到餐厅的主营业务是蒸汽海鲜，他们还特意设计了部分仿制的海洋动物模型，采用灰色调，为空间增添了层次感和灵动感。家具也选用了与空间色调相协调的同色系，使整个空间更加和谐统一。

在灯光设计上，学生们增加了点光源，这不仅为空间增添了氛围感，还使得餐厅更加适合拍照打卡。他们希望通过这样的设计，让"小鲜岛"蒸汽海鲜餐厅成为一个备受瞩目的网红打卡点，吸引更多的游客前来体验。

二、图纸展示（图 7-3 ~ 图 7-9）

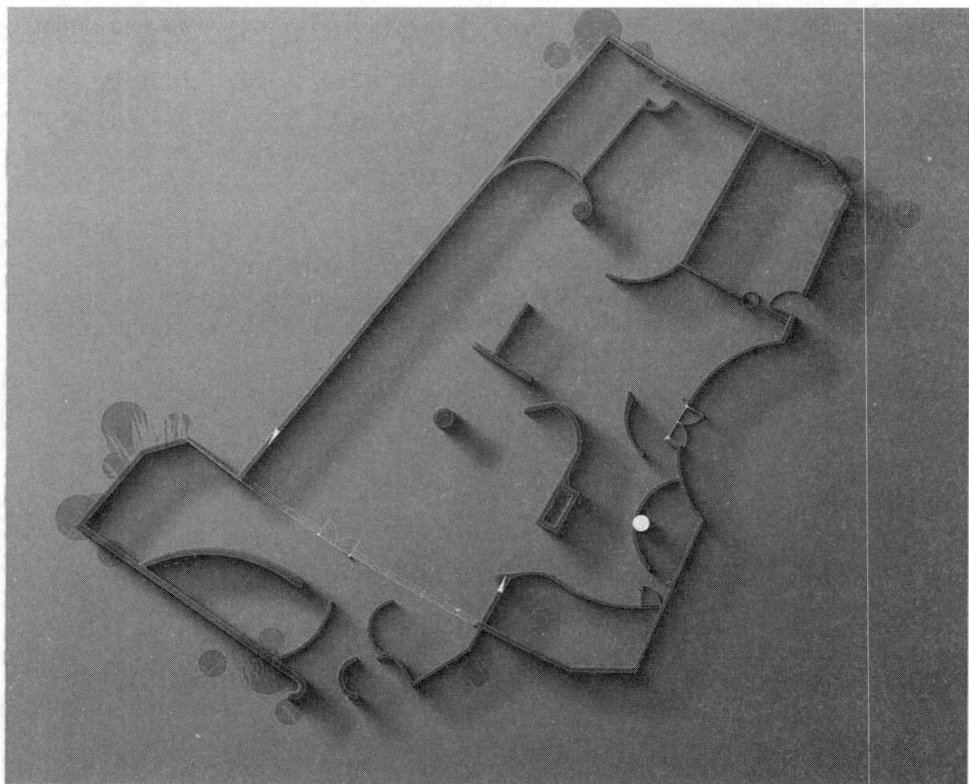

图 7-3　墙体结构图

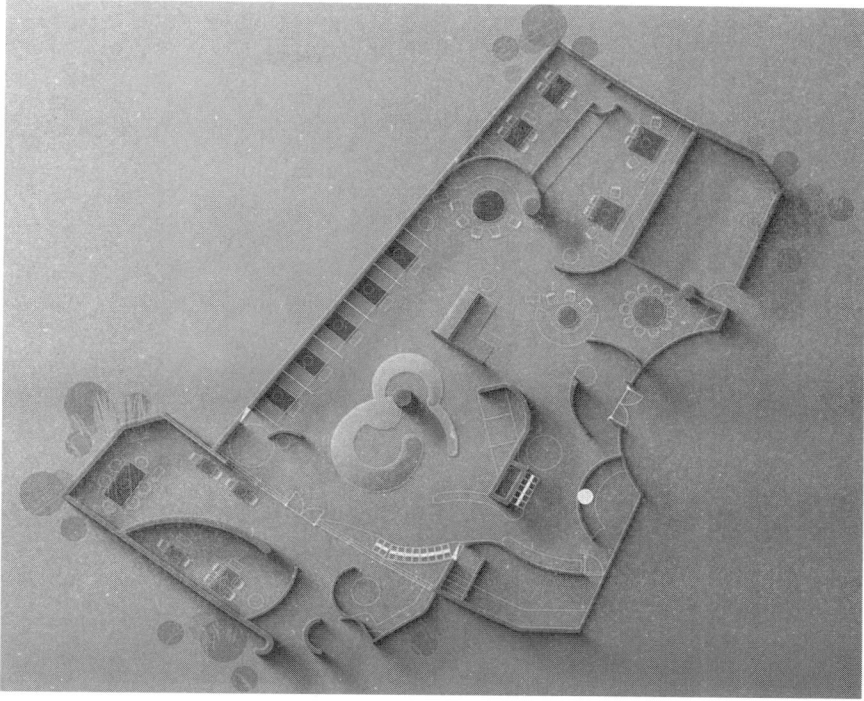

图 7-4 平面布置图

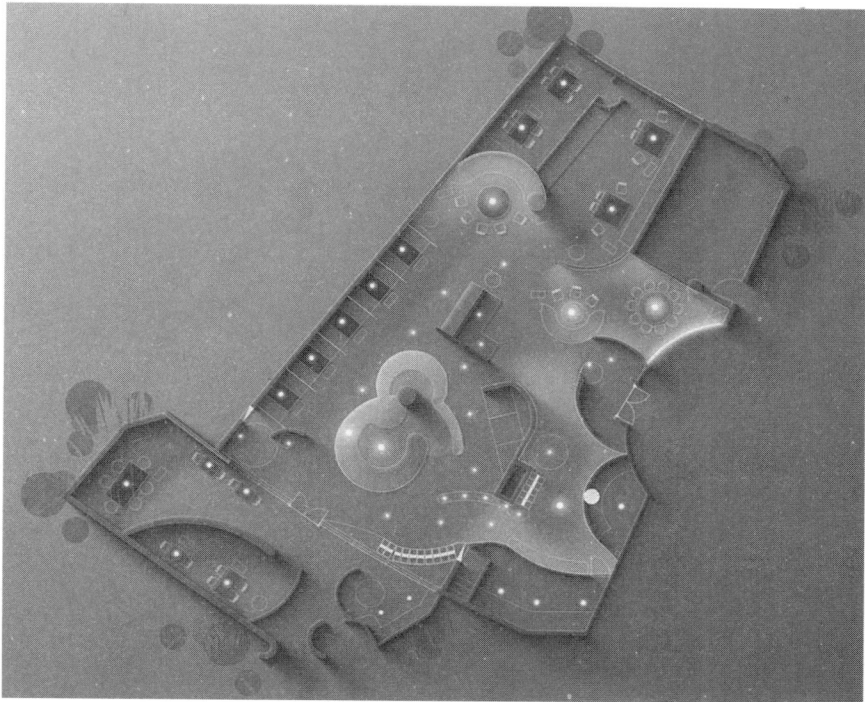

图 7-5 顶面灯光布置

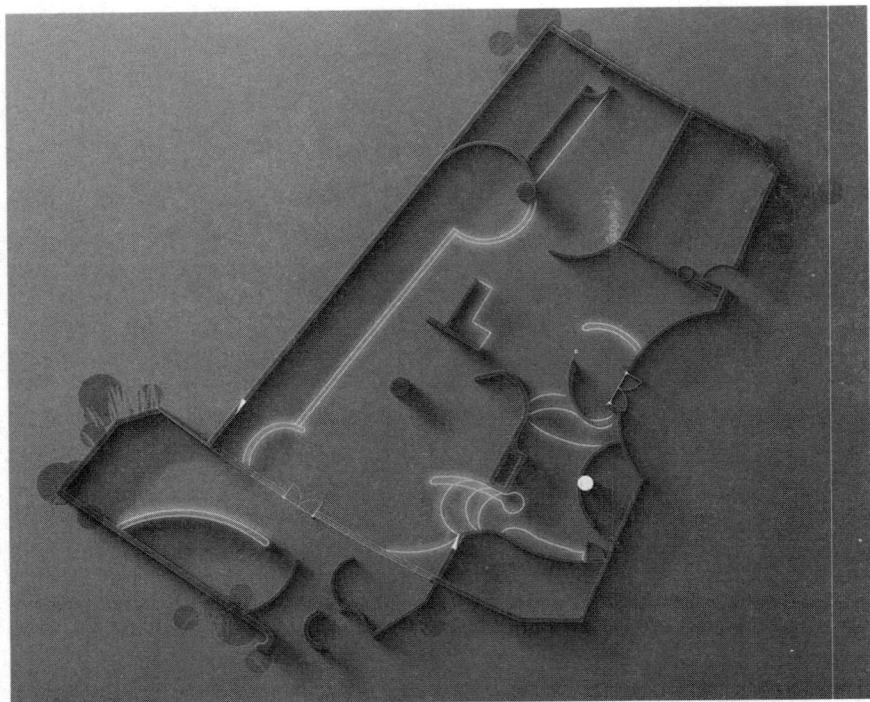

图 7-6　地面灯光布置图

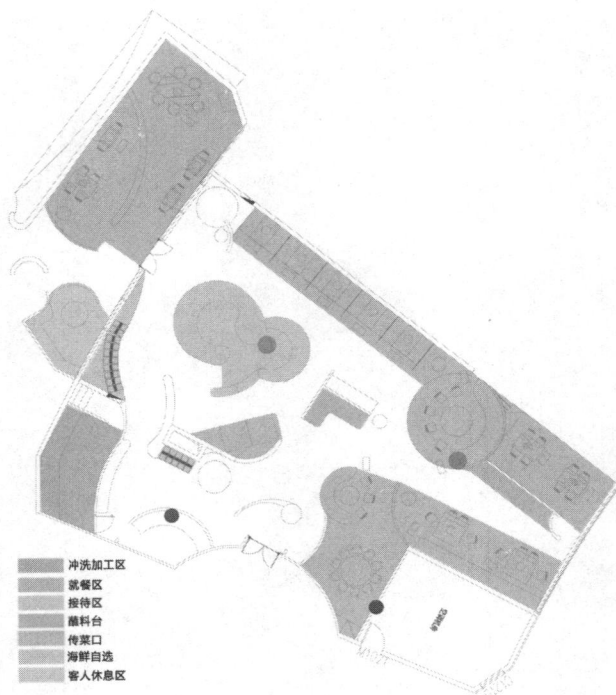

冲洗加工区
就餐区
接待区
蘸料台
传菜口
海鲜自选
客人休息区

图 7-7　功能分区图

图 7-8 客流动线图

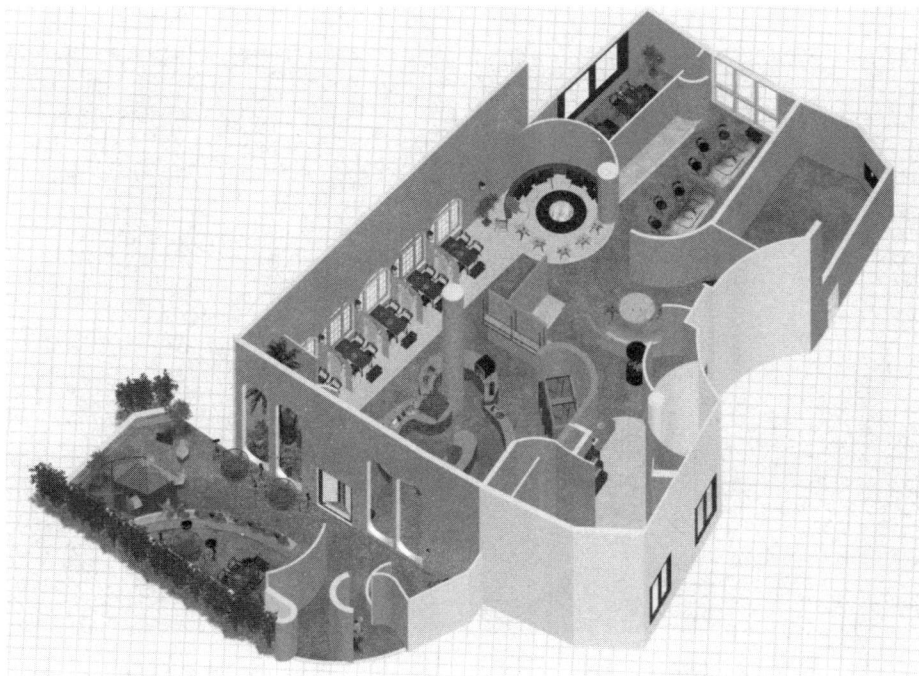

图 7-9 立面图

三、效果图展示（图 7-10 ～图 7-21）

图 7-10　效果图（1）

图 7-11　效果图（2）

图 7-12　效果图（3）

图 7-13　效果图（4）

图 7-14 效果图（5）

图 7-15 效果图（6）

图 7-16 效果图（7）

图 7-17 效果图（8）

图 7-18　效果图（9）

图 7-19　效果图（10）

图 7-20　效果图（11）

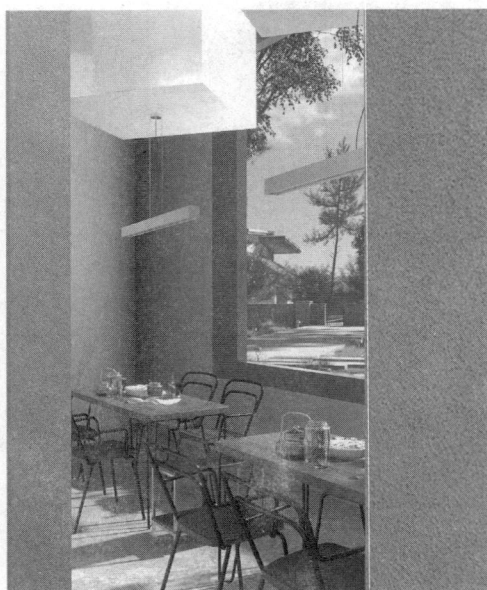

图 7-21　效果图（12）

作品二 四川师范大学云海餐厅餐饮空间设计

项目面积：约 3500m²

设计者：刘 印

一、设计概况

随着经济的快速发展，人均收入提高，消费观念也发生了改变，同时受社会餐饮业发展的影响，传统的食堂已经不能满足学生消费心理的需求。通过调查四川师范大学现状能够看出：目前高校食堂的用餐环境相对薄弱，存在功能性单一、就餐环境体验差、就餐时间分配不合理等问题。因此高校食堂从整体上要加以调整，基于师生体验和多维视角下的室内设计方案，已经成为目前高校师生的刚需。多元化的设计思路，能够让用餐的师生感受到餐饮空间所带来的氛围，将师生不同的感知体验和空间设计有机地组成一个整体。因此高校食堂在发展过程中应该重视调整和设计，不仅要满足当前时代下师生的各种用餐需求，而且需要融合大学生的文化，创造出极具多样性的空间。

项目位于四川省成都市龙泉驿区四川师范大学成龙校区西苑云海餐厅（图7-22），靠近教学区、宿舍楼、运动场（图7-23），具有良好的地理优势。楼餐厅面积 3744m²，二楼餐厅面积 3744m²。

图 7-22 云海餐厅入口处

图 7-23　云海餐厅校内位置图

经过对云海餐厅的深入调研，学生发现了餐厅存在的一系列问题。首先，餐厅的外部环境相对薄弱，缺乏吸引力；内部装修则显得简陋，无法满足现代消费者的审美需求。其次，餐厅内部空间划分单一，功能性不足，缺乏多样化的交流环境。此外，餐厅入口狭窄，通道数量不足，导致高峰期人流拥挤，进出不便，动线混乱。信息发布栏、报刊栏的摆放位置也显得凌乱，缺乏统一规划。自行车停放的无序状态加剧了交通混乱，人流疏散不利。最后，餐厅的就餐时间固定，无法灵活应对高峰期的人流压力，造成了时间的浪费。

为了解决这些问题，学生在项目设计时提出了以下创新方案。首先，对餐厅周边的园艺进行重新设计规划，以营造更加宜人的就餐环境。其次，运用新型材料进行内外装修的升级，提升餐厅的整体品质。同时，增加咖啡厅等可供长期停留进行交流的场所，以满足学生及顾客的多样化需求。重新规划平面布局，注重人性化、多元化设计，提升餐厅的吸引力。此外，拓宽餐厅入口，重新规划动线，以确保高峰期人流的顺畅进出。统一信息发布栏、报刊栏等的位置，提升整体美观度，方便学生获取信息。优化食堂道路系统布局，合理规划自行车停放位置，以缓解交通混乱，提升人流疏散效率。最后，提供自习功能区和独立餐厅，以满足学生多样化的需求，提高时空利用率。

本次改造从不同角度、功能划分上对食堂进行改造，结合传统单一的食堂在空间构造中存在的不足之处和缺点，建立一个多维的开放的校内公共空间，在兼具食堂作用的前提下，打造一个多功能公共交互空间，鼓励学生在餐饮场所开展活动、交流会、展览、举办晚宴等公共活动，以及打造一些非正式的社交空间。通过设计与改建，让传统又固化的高校餐饮环境变得更有格调、更具实用性。

二、图纸展示（图 7-24、图 7-25）

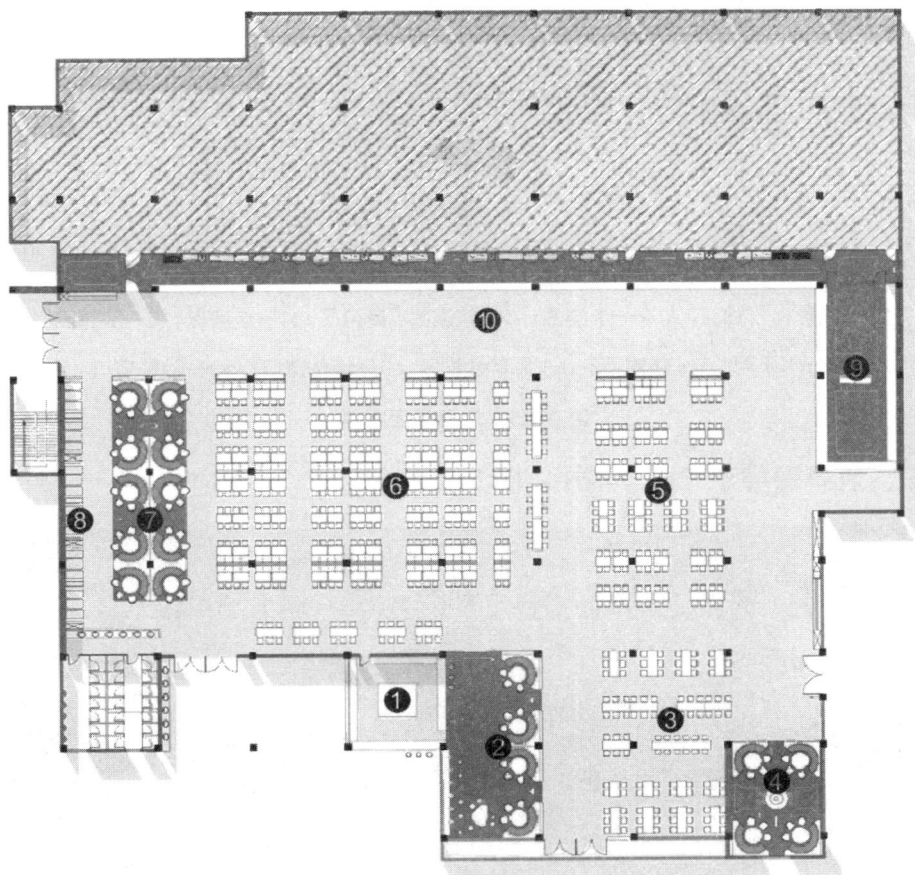

1—饮品店；2—饮品店（就餐区）；3—就餐区；4—讨论区；5—就餐区

6—卡座区；7—自习区；8—阅读区；9—特色窗口；10—就餐窗口

图 7-24　一层平面布置图

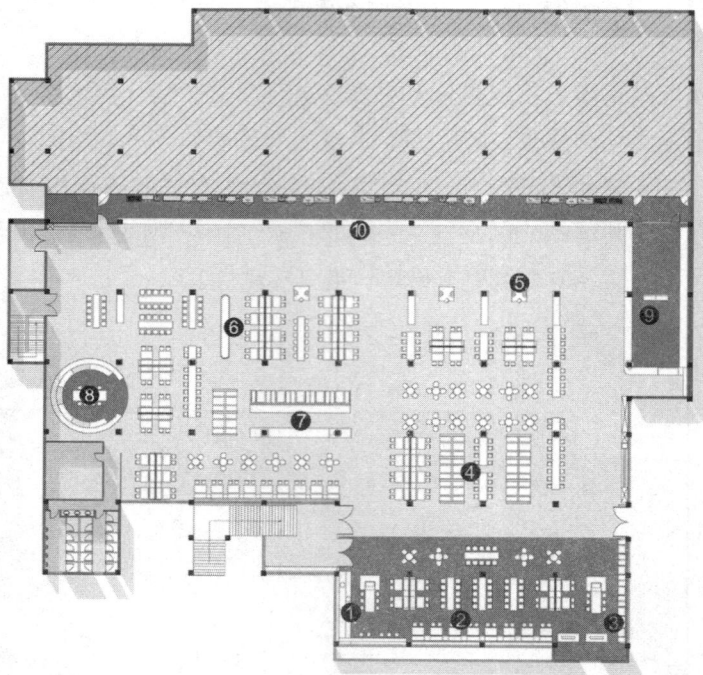

1—"阶梯"社交区；2—卡座区；3—阅读区/自习区；4—卡座区；5—收银台

6—水果吧；7—咖啡吧；8—共享会议区；9—特色窗口；10—就餐窗口

图 7-25 二层平面布置

三、效果图展示（图 7-26 ～ 图 7-32）

图 7-26 效果图（1）——阅读区

图 7-27 效果图（2）——谈论区

图 7-28 效果图（3）——咖啡吧

图 7-29　效果图（4）——室外窗口

图 7-30　效果图（5）——特色窗口

图 7-31　效果图（6）——社交区

图 7-32　效果图（7）——就餐区

作品三　gaga——以皮影戏为主题的餐饮空间设计

项目面积：约 260m²
设计者：郑晓艺　杨　愉

一、设计概况

gaga 定位为社交型轻食餐饮品牌，主打全时段精品轻食空间，以复合式模式占据新茶饮行业中的中高端位置。其门店装修 70% 呈现品牌核心设计风格，30% 根据当地需求和主题定制，让 gaga 空间延伸出无限的生活可能。学生在品牌文化基础上创新区别，延续其休闲社交风格，创新互动空间，增加品牌地域文化氛围，让地域性主题文化皮影符合 gaga 的空间调性。

gaga 的消费人群主要集中在 20 ～ 39 岁中青年为主，身份为游客、学生、青年、白领等，同时在性别上以女性为主，但部分男性也是 gaga 的忠实热爱者。

本项目位于陕西省西安市大悦城商业体四层（总计一层），地处繁华街段，位置优越，年轻、时尚、潮流、品味的全业态品牌皆汇聚于此。占地面积 300m² 左右。

毗邻三、四号地铁线，公交站点多，交通便利。右侧临近几所高校，文化氛围浓厚，人流量稳定。左侧临近大雁塔景区，游客多，人流量大。附近商铺多，但并没有一个融合轻食餐饮和当地特色文化氛围的空间。另外，餐厅位于四层采光好，同时空间附带一个外摆区，可以充分利用和打造，变成引流的重要手段；此外，外摆区外就是人流拥挤的电梯，对空间有极大优势。

学生就餐厅现状分析，项目位于大悦城四层，附属于商业体内竞争较大。gaga 要想脱颖而出，须抓住当地特点，挖掘其文化内涵，在门头上做出特色；另外，项目层高仅 4.6m，且空间狭长，左边临近其他商铺，为不可动墙，针对这一问题可根据甲方业态需求和场地特点，利用专业设计手段进行分割，让小空间从视觉上变成大空间。

皮影戏发源地是陕西西安，是一种以兽皮或纸板做成的人物剪影来表演故事的民间戏剧。古有说法：汉武帝的爱妃李夫人染疾故去了，武帝思念心切神情恍惚，终日不理朝政，某日李大臣看见孩童手里的娃娃在阳光照射下影子倒影在地下，栩栩如生，从而受到启发，他用绵帛为材料制作了李夫人的相，涂上色彩，在手脚处装上木杆，晚上围上方帷，恭请皇上坐帐中观看，武帝看罢龙颜大悦，从此皮影戏流传下来。

本案是基于餐饮空间快速发展的背景下，如何让人们在吃的健康、吃的舒心的同时，又能吃出文化感，还能增加情感，以此来打造的一个非遗文化互动餐饮空间设计。健康的饮食文化引起越来越多的人关注，轻食餐饮在打着纯天然、绿色有机的旗帜下，取得了一定的成效，但同时也存在着人力资本投入高，回收率低，空间关系过于单一、难以吸引新顾客等问题。本案通过结合当地特色，引入非物质文化遗产皮影戏的元素，将其形态、服饰特点等提取于空间每个地方，打造一个不仅可以吃出非遗文化，更可以增进人与人之间情感的空间，从而来营造一个全新的、集休闲文化互动于一体的餐饮空间模式。

入口处采取体感互动投影仪的设计，通过红外摄像头来捕捉用户的动作数据，通过分析及指定元素（皮影文化、历史、制作过程）等的生成，从而产生相应的互动效果，提升空间的趣味性，同时也能创造新的商业价值（图7-33）。

图7-33 入口处互动投影

地面采用环氧水磨石（图7-34），其特点是色彩丰富，无毒性，耐脏耐磨，在餐椅空间人流多的地方，便于清洁维护，且防潮防滑，不易积灰。

图 7-34 环氧水磨石

室内餐厅的软装陈设充分结合主题来设计,整体空间的桌椅选择木制家具,给人以休闲愉悦之感,并在卡座区的靠背提取了皮影服饰的花纹特点(图 7-35),灯具的选择也以"非遗"中式皮影吊灯、壁灯的形式来展现(图 7-36),空间中以布帘的形式对每个座位进行隔断,营造身在戏影用餐之感。

图 7-35 皮影服饰的花纹靠背　　图 7-36 "非遗"中式皮影吊灯

外摆区的设计主要是打造轻松休闲的形式,给繁忙的青年、白领工作者有个回归自然的空间。在桌椅的选择上区别于室内,以柔软舒适的沙发来呈现,同时空间中种植多种植物来营造氛围、呼应主题,中间设计手工制作区,让顾客感受非遗文化的美,在凳子的选用上有大人和小孩两种方式,增加互动感(图 7-37、图 7-38)。

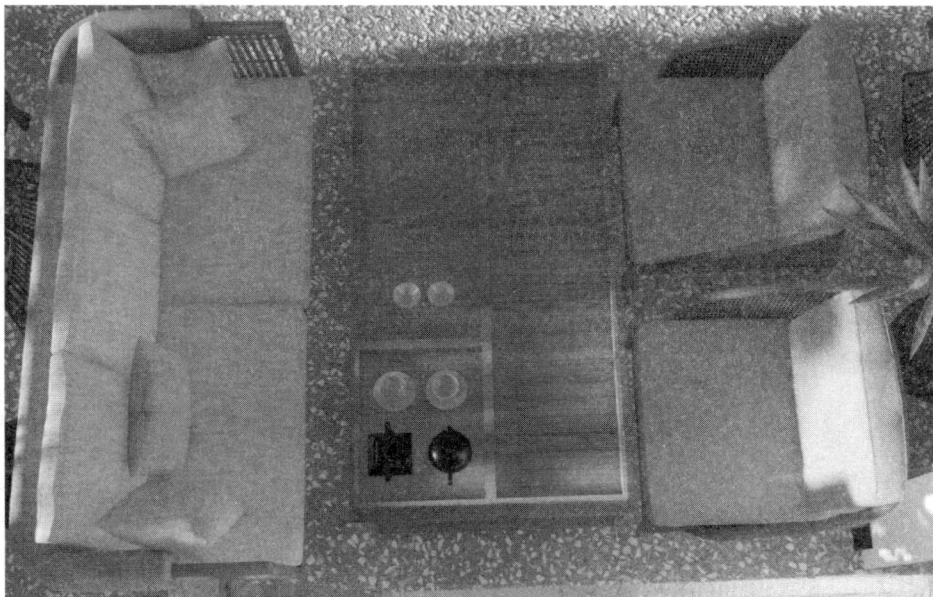

图 7-37 外摆区设计（1）

图 7-38 外摆区设计（2）

本案的门头设计提取的是王澍老师的三和宅屋顶，结合本餐饮空间的空间表达，最终选择以直线形来呈现，形成小家的感觉，同时将人们的视线由外拉到内，与内部非遗文化进行沉浸式的交流。木与玻璃的对话谱写出流动般的音乐，透彻深切，似乎在诉说着某种情怀（图 7-39）。

图 7-39　门头设计

二、图纸展示（图 7-40 ~ 图 7-43）

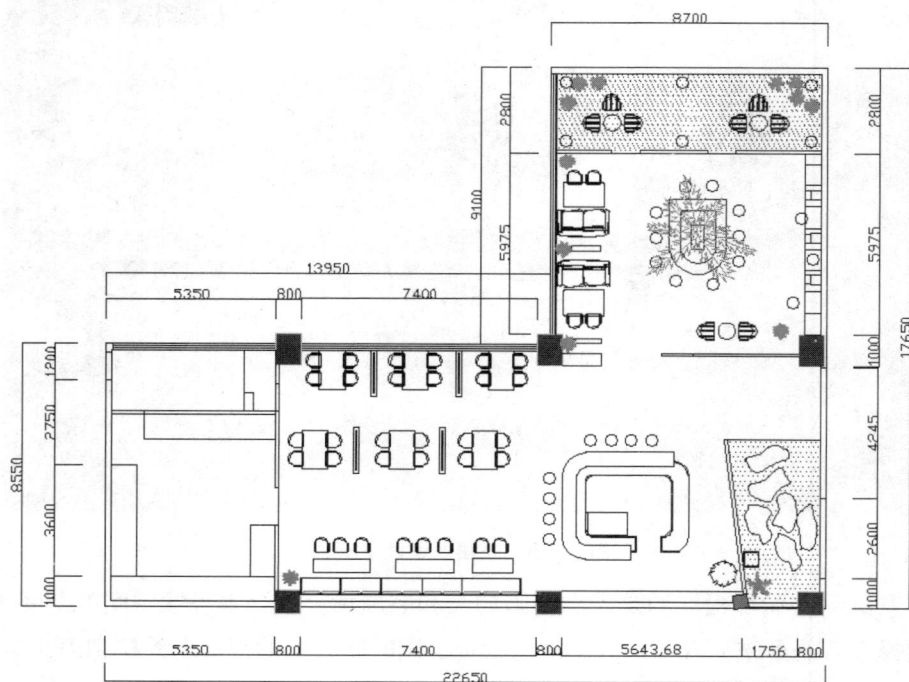

图 7-40　CAD 平面图

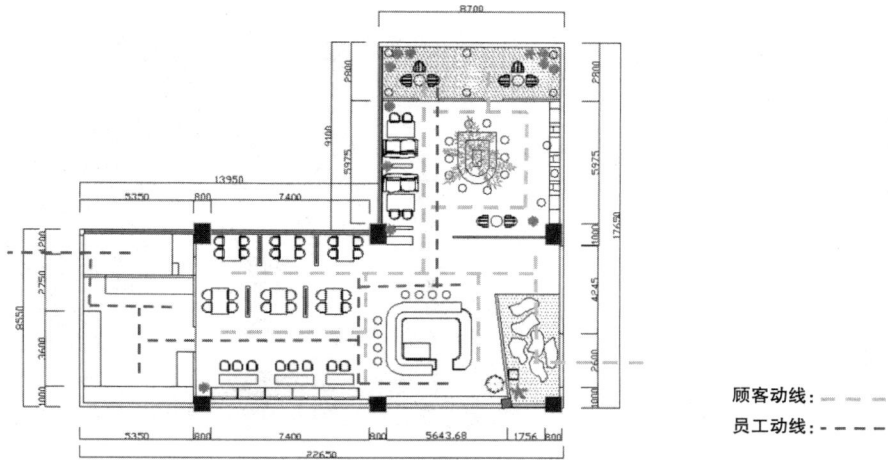

图 7-41 平面动线图

顾客动线：——
员工动线：----

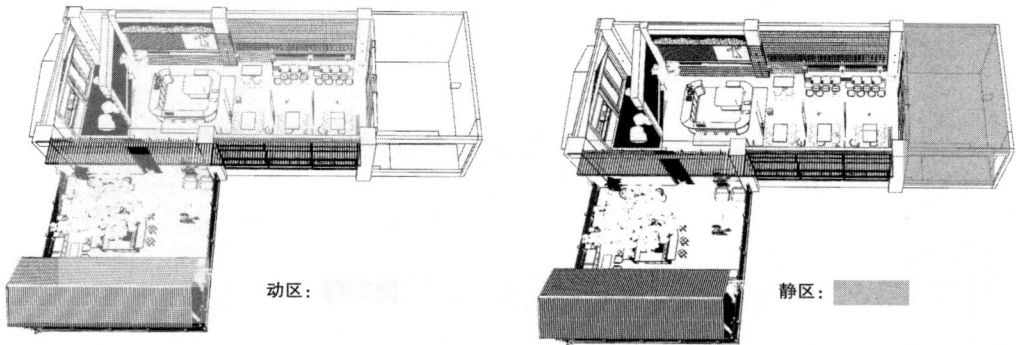

动区：

静区：

图 7-42 动静分析图

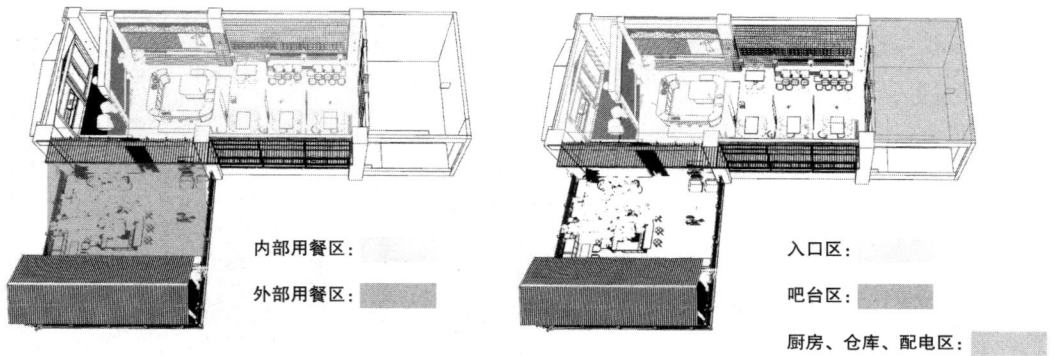

内部用餐区：

外部用餐区：

入口区：

吧台区：

厨房、仓库、配电区：

图 7-43 空间功能分区图

三、效果图展示（图7-44～图7-49）

图7-44　效果图（1）——入口

图7-45　效果图（2）——前台

图7-46　效果图（3）——餐厅

图 7-47 效果图（4）——外摆餐厅

图 7-48 效果图（5）——手工制作区

图 7-49 效果图（6）——外摆区

作品四 "瀚海 11 号" 喜茶概念空间方案设计

项目面积：约 260m²

设计者：冯　阳　杨梦仟　陈　妍

一、设计概况

喜茶店设计主打"灵感之茶"，致力于以极致的产品和充满灵感的艺术茶饮空间为顾客带来别具一格的体验，创立九年间落地门店超八百家，每一家奶茶店都呈现出不同的设计风貌。或典雅，或诗意，或华美，一以贯之的是内在的设计思考：如何激发人的灵感。

"瀚海"原本指的是"海"，即北方的大湖，到明朝后期指广大戈壁沙漠。到了唐代，是对蒙古高原大沙漠以北及其迤西今准噶尔盆地一带广大地区的泛称。"11 号"源自喜茶从 2012 年创立至 2023 年已有 11 年的时间为线索。为此，这艘"星际飞船"得以"瀚海 11 号"命名。

项目场地位于西安市雁塔区大悦城商业综合体 4 楼，以喜茶为品牌设计对象，希望通过空间体验升级来提升店面的舒适度与品质感，并帮助喜茶品牌传达出年轻态的茶文化。

在本案中，学生将古丝绸之路与未来相结合，提取唐代诗人王维《使至塞上》"大漠孤烟直，长河落日圆"当中的大漠与落日，和具有未来科技感的星际飞船的胶囊形态，二者相互融合、相互呼应，来打造一个既诗意又先锋的茶饮空间设计，以此来迎合喜茶品牌"千店千面"的多元形象。

在整个空间当中，沙丘的起伏连绵起伏，累叠促成空间维度的层次流动，坐上"瀚海 11 号"，让身在其中的人暂时从现实抽离，在观察、触摸、啜饮中慢慢沉浸过渡到另一维度的精神世界，体验未知的神秘地带，聆听自然与未来的回响。

经过调查，大悦城商业综合体 4 楼茶饮空间仅有一家咖啡店，其余皆为餐厅。整个餐饮空间建筑面积 265m²，建筑高度 4.670m。项目设计时围绕以下六个问题进行思考：

（1）该空间在商业综合体 4 楼，该如何通过设计下沉区域的窗户来吸引楼下的顾客？

（2）当顾客从楼梯上来或者下来，又该如何衡量入口大门的最佳位置来吸引顾客首先走向喜茶呢？

（3）如何充分利用外摆区，让外摆区成为顾客的必经之路呢？

（4）如何让整个空间呼应喜茶"千店千面"的品牌形象？

（5）如何将西安文化与喜茶相互融合？设计定位又是什么？

（6）如何通过设计来吸引网红，增加门店的人流量和知名度。

在空间材质选择上，学生根据各功能区需求的不同，决定采用多样材质。地面通铺微水泥；墙面采用奶油黄乳胶漆；艺术装置与制茶区的地面材质为沙，突出其独特构想；坐垫以皮革为主，这种材质富有质感又易于打理；艺术装置玻璃罩采用超白玻璃，这种玻璃外围流动线条与"沙丘"主题相辉映，富有和谐美、流动美；展柜、门头收边则使用不锈钢材质，这种材质具有使用寿命长、安全性能高、清洁便利、材料环保等多种优点；边几为蓝色亚克力材质，颜色与主题相呼应，材料外观优美、可塑性高；吧台柜体以不锈钢为基体，表面涂上蓝色水性漆，这样的设计能使整个空间更加和谐、美观。

二、图纸展示（图 7-50 ～ 图 7-55）

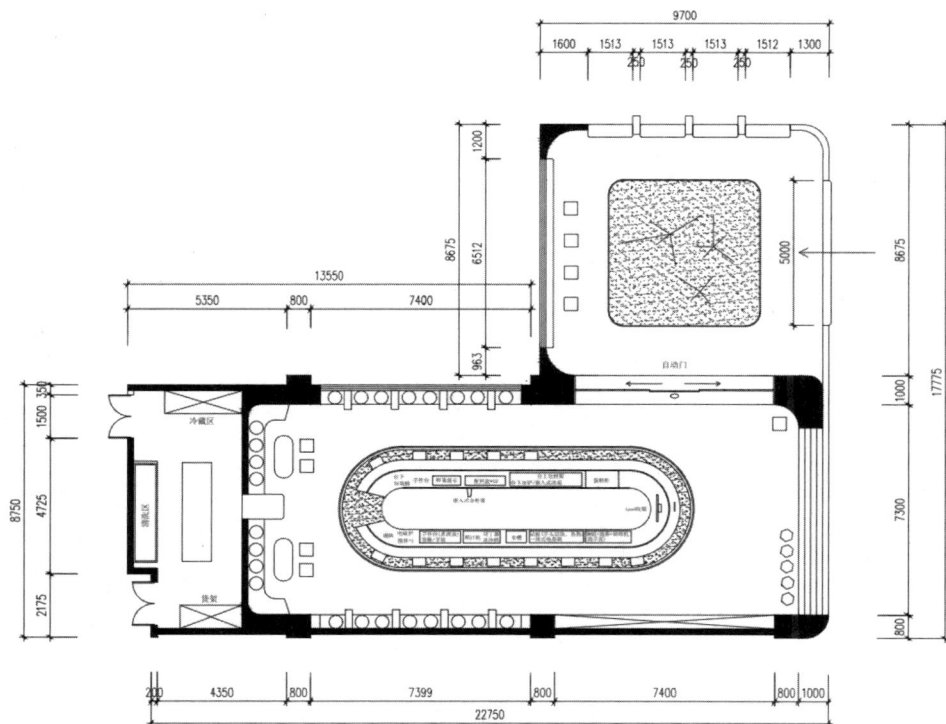

图 7-50　黑白平面图

❶ ART INSTALLATION
艺术装置

❷ BAR COUNTER
制茶区

❸ SEATING AREA
客区

❹ PREPARATION ROOM
备料间

❺ WAITING AREA
等待区

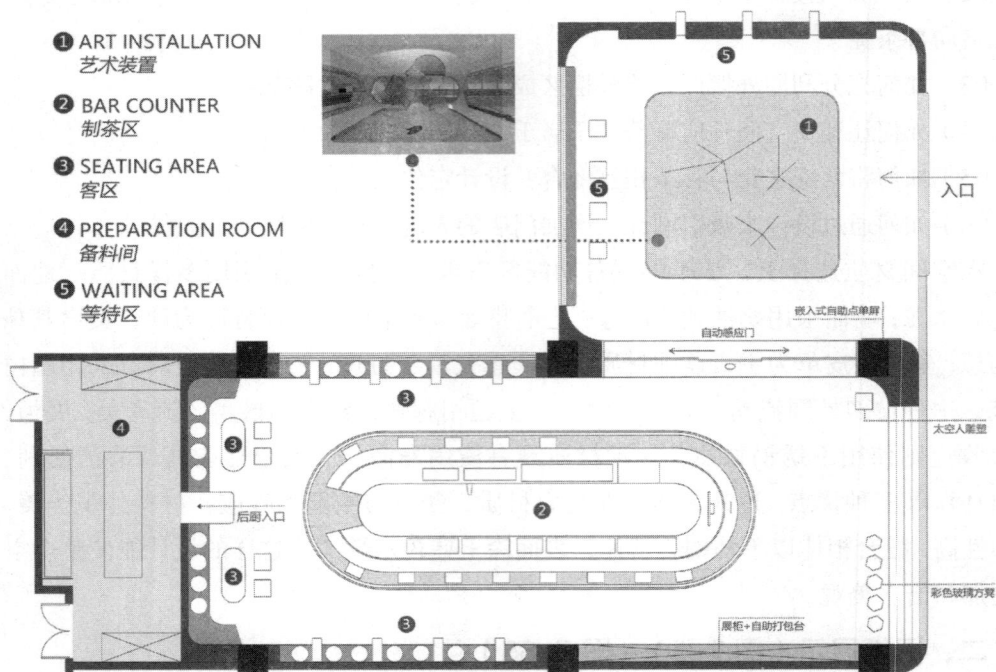

图 7-51　彩色平面图

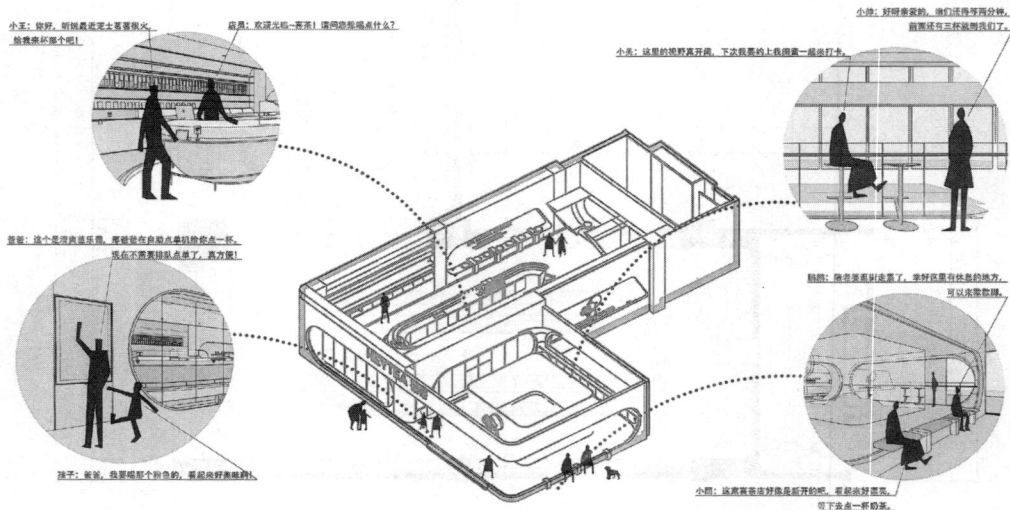

图 7-52　轴测图分析

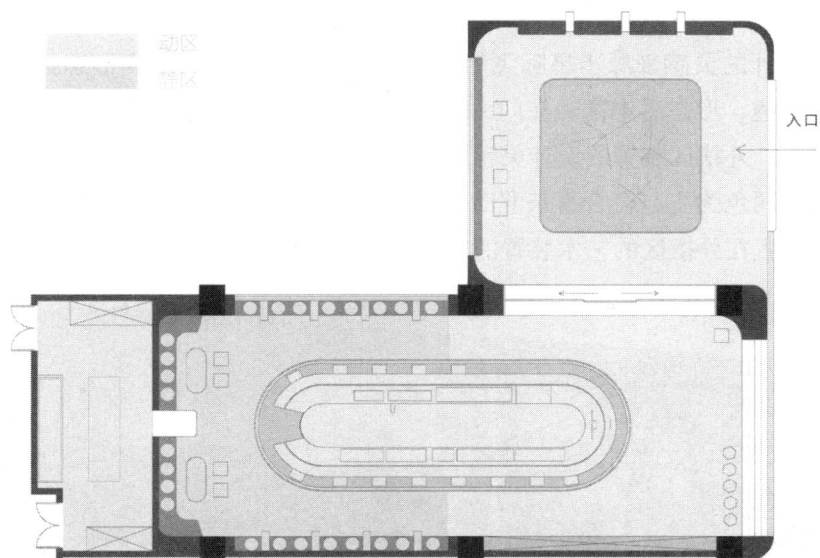

图 7-53 空间动静分析图

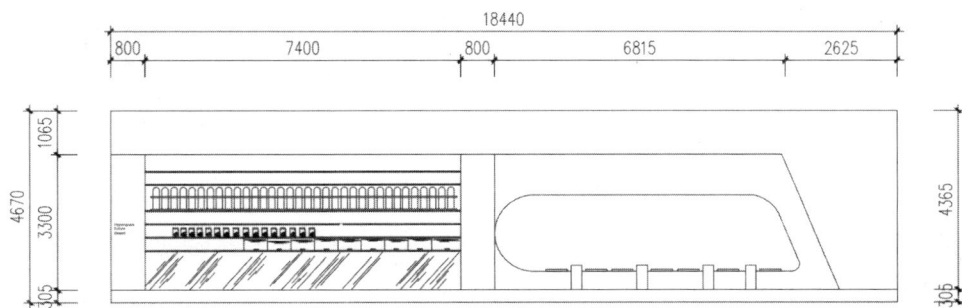

图 7-54 黑白立面图

图 7-55 彩色立面图

三、效果图展示（图 7-56 ~ 图 7-61）

门头设计的灵感来源于星际飞船的胶囊形态，以圆形的胶囊形态拉通整个空间，整体氛围通透，形态感丰富。在门头和落地窗又嵌入暖黄色灯带，使得整个空间更具科技未来感。外摆区装置的设计灵感来源于大漠，目的是营造一种诗意先锋的氛围感。颜色以蓝白两色为主，符合喜茶北欧简约的美学风格。标识采用蓝色亚克力材质，将标识画像放置在外摆区的艺术装置的玻璃罩上，在确保安全的同时，增加了美观性。

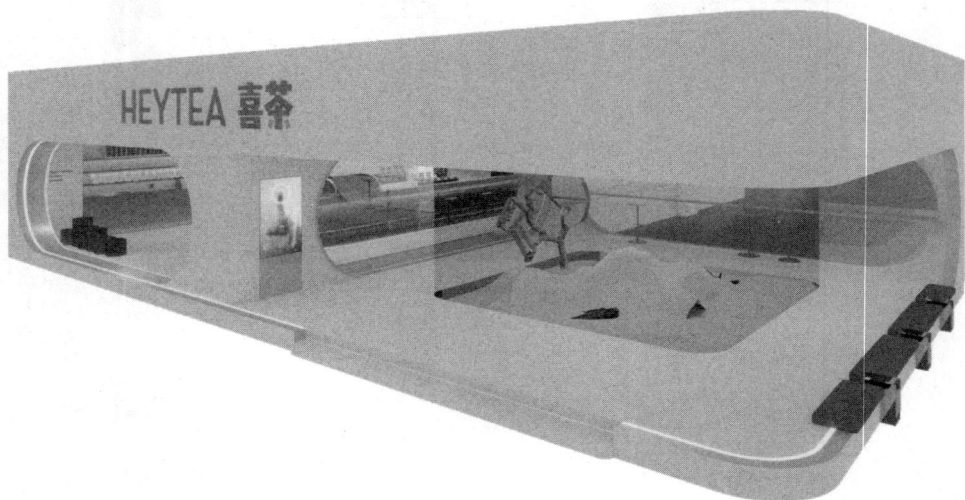

图 7-56　门头设计

图 7-57　效果图（1）——门头

图 7-58 效果图（2）——入口

图 7-59 效果图（3）——制茶区

图 7-60　效果图（4）——等候区

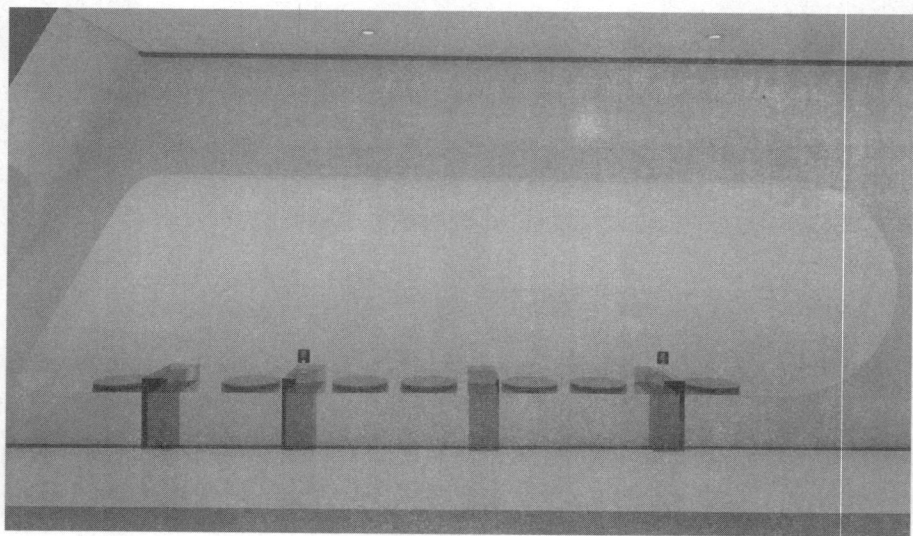

图 7-61　效果图（5）——客区（卡座）

作品五 西安布拉诺西餐厅设计

项目面积：约 260m²

设计者：陈稼玺 刘 印

一、设计概况

本案立足于中意文化交流的新高度，旨在将意大利传统湿壁画元素精妙地融入西安大悦城一家意大利餐厅的设计之中。这一创意实践旨在让餐厅迅速成为西安的餐饮新地标，并在亚洲范围内以定制化的室内设计彰显独特的设计理念。湿壁画以其细腻的肌理和丰富的色彩在建筑墙面上绽放光彩，至今仍是意大利风格的璀璨瑰宝。

餐厅坐落于西安大悦城，这一地标性商业综合体前身为秦汉唐国际文化商业广场，于 2012 年华丽揭幕。占地 4 万 m²，总建筑面积高达 15 万 m²，集室内购物、街区漫步、高空露天观景平台及露天中庭等多功能于一体。在保留原有建筑雏形的基础上，大悦城的外部改造巧妙运用了大面积 U 形玻璃、唐朝宫殿式屋檐和立体仿古屋顶，搭配白色高透光 U 形玻璃幕墙，既展现了古都长安的历史韵味，又散发着现代建筑的时尚气息，实现了多元文化与空间的完美交融。

餐厅内部设计则巧妙融合了意大利文化元素，特别是湿壁画这一源自 13 世纪意大利的绘画技艺。这种在潮湿的新鲜石灰泥墙面上绘制而成的壁画，以其独特的矿物质色调和经久不衰的魅力，成为文艺复兴时期画家们的常用画种之一。尽管后来被油画所取代，但湿壁画仍以其独特的艺术价值在历史长河中熠熠生辉（图 7-62）。

图 7-62 意大利湿壁画

本案的设计亮点之一是中心区域的三角钢琴，它吸引着具有艺术审美眼光的消费者。餐厅内一方面运用了质朴的工业风格金属材料和水磨石地面及墙面，营造出简约而不失格调的用餐环境；另一方面则采用高档的白色大理石打造厨师工作台，并配以柔软舒适的皮质座椅，形成了材质上的鲜明对比。这种宴会风格的座椅摆放方式不仅鼓励顾客进行食物的分享，更体现了意大利餐饮文化与香港餐饮传统的巧妙融合。靠近入口的吧台区设有 24 个生啤龙头，并提供由调酒大师精心设计的意大利鸡尾酒酒单上的各式饮品，为宾客带来丰富多彩的餐饮体验。

二、图纸展示（图 7-63 ~ 图 7-66）

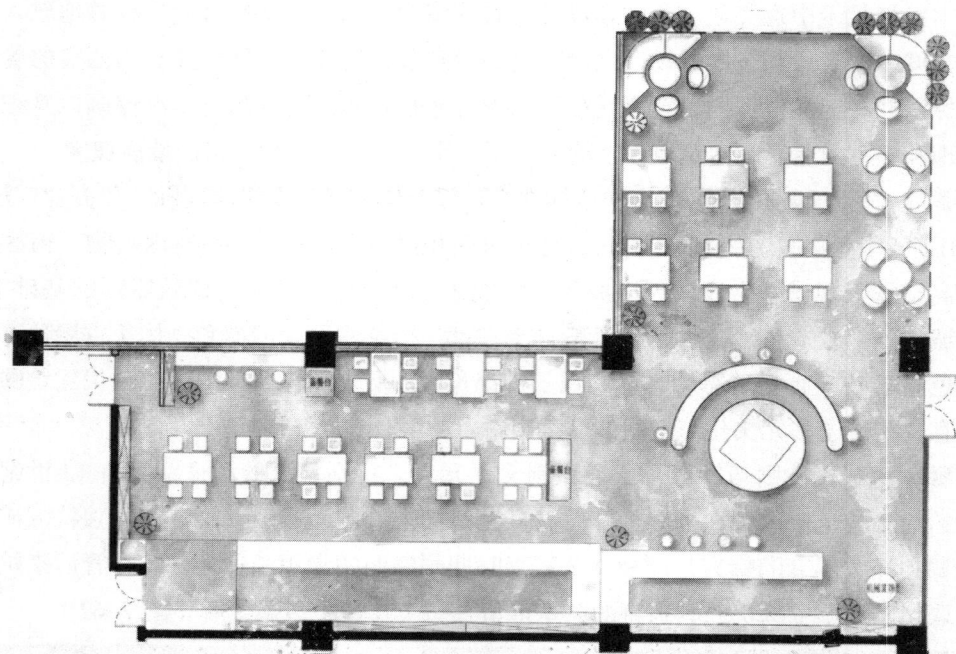

图 7-63　总平面图

图 7-64　彩平立面图

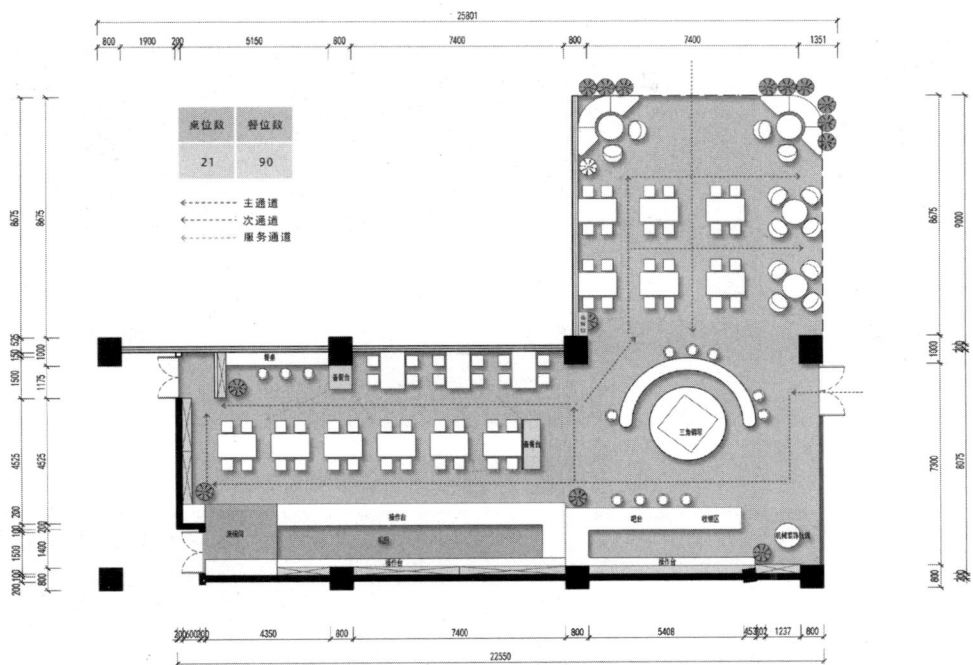

图 7-65 动线图

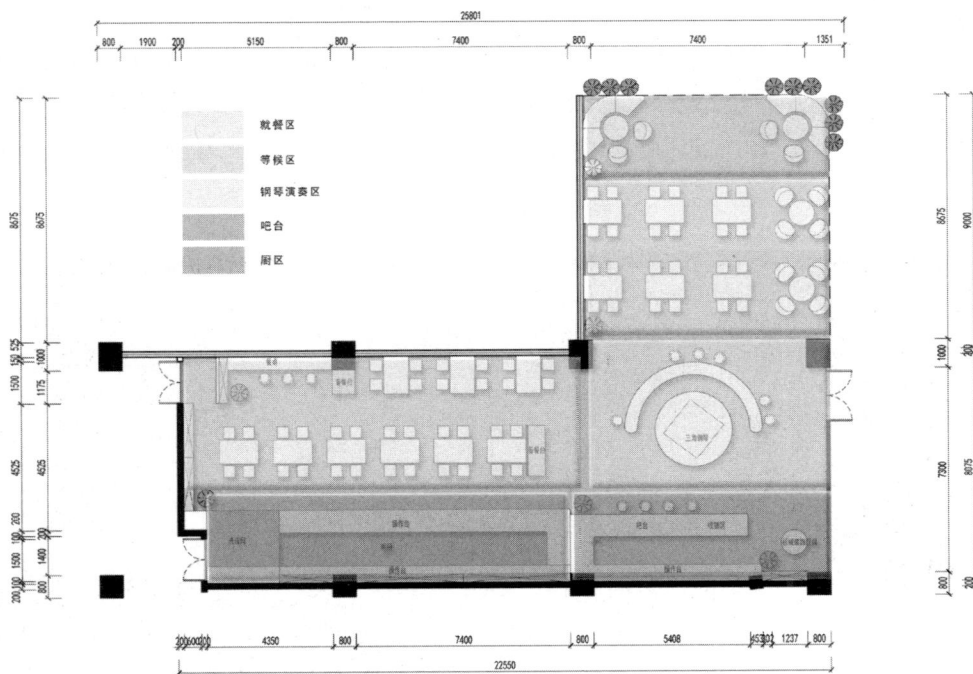

图 7-66 功能区分布图

三、效果图展示（图7-67～图7-72）

图7-67　效果图（1）

图7-68　效果图（2）

图7-69　效果图（3）

图 7-70 效果图（4）

图 7-71 效果图（5）

图 7-72 效果图（6）

参 考 文 献

[1] 赵成波，赵丽莉. 室内设计原理 [M]. 成都：电子科技大学出版社，2015.

[2] 钟彩民，刘士盛，陈建荣著. 餐饮方法论 [M]. 北京：中国商业出版社，2019.

[3] 夏安文，程学四，陆阳. 室内人体工程学 [M]. 镇江：江苏大学出版社，2019.

[4] 白鹏，邓鹃，张晓莉. 餐饮空间设计 [M]. 哈尔滨：哈尔滨工程大学出版社，2018.

[5] 吴懿，甘诗源. 餐饮空间室内设计 [M]. 石家庄：河北美术出版社，2015.

[6] 郭啸晨. 绿色建筑装饰材料的选取与应用 [M]. 武汉：华中科技大学出版社，2020.

[7] 胡议丹，胡佳. 餐饮空间设计 [M]. 杭州：中国美术学院出版社，2022.

[8] 杨婉. 餐饮空间设计 [M]. 武汉：华中科技大学出版社，2016.

[9] 严康. 餐饮空间设计 [M]. 北京：中国青年出版社，2015.

[10] 朱胜瑛. 中餐厅服务 [M]. 成都：西南交通大学出版社，2015.

[11] 邹志兵，张伟孝. 公共建筑空间设计 [M]. 北京：北京理工大学出版社，2023.

[12] 王艳丽，张政梅. 商业空间设计 [M]. 北京：北京理工大学出版社，2022.

[13] 蒋梦菲，单宁. 巴蜀文化与餐饮空间设计 [M]. 武汉：华中科技大学出版社，2022.

[14] 朱宏伟. 石墨烯膜材料与环保应用 [M]. 上海：华东理工大学出版社，2021.

[15] 王灵恩，田大江. 高原旅游城市餐饮业食物可持续消费研究——以拉萨市为例 [M]. 北京：旅游教育出版社，2015.

[16] 邓英，李俊，刘贵朝. 餐饮服务与管理 [M]. 武汉：华中科技大学出版社，2019.

[17] 欧潮海，金樱. 餐饮空间设计与实践 [M]. 武汉大学出版社，2017.

[18] 周婉. 食客时代餐饮品牌与空间设计 [M]. 南京：江苏科学技术出版社，2018.

[19] 吴懿，甘诗源. 餐饮空间室内设计 [M]. 石家庄：河北美术出版社，2015.

[20] 张丽丽，吴展齐. 餐饮空间设计 [M]. 南京：南京大学出版社，2015.

[21] 赵君. 餐饮空间设计与实训 [M]. 青岛：青岛海洋大学出版社，2018